中国动物园协会　组编

黑叶猴
饲养管理与疾病防治

HEIYEHOU SIYANG GUANLI YU JIBING FANGZHI

TRACHYPITHECUS FRANCOISI

王　松　沈永义　陈　武　周军英 ◎ 主编

中国农业出版社
北　京

图书在版编目（CIP）数据

黑叶猴饲养管理与疾病防治 / 王松等主编. -- 北京：中国农业出版社，2024. 12. -- ISBN 978-7-109-32920-1

Ⅰ. Q959.848；S858.99

中国国家版本馆 CIP 数据核字第 2024KF0164 号

中国农业出版社出版

地址：北京市朝阳区麦子店街 18 号楼

邮编：100125

责任编辑：王森鹤　周晓艳

版式设计：杨　婧　责任校对：吴丽婷

印刷：北京通州皇家印刷厂

版次：2024 年 12 月第 1 版

印次：2024 年 12 月北京第 1 次印刷

发行：新华书店北京发行所

开本：720mm×960mm　1/16

印张：13.5　　插页：6

字数：248 千字

定价：78.00 元

■ 编写信息

主　　编：王　松　沈永义　陈　武　周军英

编　　者：广西师范大学：周岐海

南宁市动物园：王　松　赵　萌　潘海洋　陈月妃

雷　伟　黄翠红　胡凤霞　邓加奖

蒋登乾　王正杨

广州动物园：陈　武　单　芬　吕梦娜　彭仕明

成世清

华南农业大学：沈永义　沈雪娟

大理大学：马　驰

南京红山森林动物园：

程王锟　程家球　周　薇　章小小

陈　蓉　李俊娴　邓长林　陈　楠

梧州市园林动植物研究所（梧州市黑叶猴保护研究中心）：

钟艳红　李毅峰

贵州森林野生动物园：张　超　张　建　姜　山

北京动物园：张轶卓　杜　洋

杭州动物园：楼　毅　汪丽芬

武汉动物园：杨　毅

济南市公园发展服务中心动物园：郭爱霞

福州动物园：高喜凤

长隆野生动物世界：张天佑

中国动物园协会：周军英　鲍梦蝶

科学顾问：中国科学院动物研究所：黄乘明

免 责 声 明

本书由中国动物园协会组织编写，广东省重点领域研发计划项目 2022B1111040001（Guangdong Provincial Key R&D Program，No. 2022B1111040001）资助出版。

接到广州动物园陈武老师为《黑叶猴饲养管理与疾病防治》作序的邀请时，我抱着惴惴不安的心情拒绝了邀请，因为我并不是这个领域的专家。经陈武老师再三说明可以从普通读者的视角写序，我才开始阅读《黑叶猴饲养管理与疾病防治》。一旦开始阅读，作为外行的我一下子就被这本指南深深吸引，爱不释手，完全把别的事情抛到脑后，一口气读完了这份凝聚了很多专业人士心血的著作。这本指南吸引我的地方有如下几点。

1. 知识全面且数据精准而翔实

作为一本专门为动物园工作人员而编写的著作，本书将黑叶猴这一物种的科研成果进行了全面总结，从名称由来到物种分类、分布、食性等，给黑叶猴描绘出了最完整的画像。同时，书中的所有知识点都引经据典，出处详尽，均是常年在野外以及动物园研究黑叶猴的科研人员与学者的发现与总结。科学数据精准翔实，既有在动物园工作的科研人员观测的数据，也有野外工作者采集的数据，非常全面、详尽，具有很高的参考价值。从知识层面上讲，本书是读者积累知识的优秀图书；从出版价值上讲，本书是国内第一本全面介绍黑叶猴饲养管理规范的著作。

2. 读者面广

本书的读者群很广，既适合普通读者，又适合专业人员。从本书的编写信息中就可以看出，这是一本汇聚了黑叶猴各领域专家多年研究心血的著作，视角全面丰富，因此适用的读者群很广。普通读者可以单纯积累知识，了解一个自己以前从来没有关注过的物种，在生活中可能从来没有见过的物种，通过阅读了解黑叶猴，可以为自己打开一扇了解其他物种的新窗户。而对于动物园内的黑叶猴饲养人员或者相关兽医来说，本书无疑是一本可以随身携带、随时查阅的工具书，可以从中了解黑叶猴的习性、食性、常发病症状等重要信息。本书特别适合动物园的工作人员参考、学习，将动物园里圈养的黑叶猴与野外黑叶猴做对比，有利于动物园工作人员更好地了解自己正在照顾的物种。

3. 指导实用性强

对于动物园工作人员来说，本书对黑叶猴的饲养环境、饮食营养、行为习性、常见病症均有详尽的总结与描述，可以直接用于指导黑叶猴的饲养，方便工作人员了解圈养黑叶猴的需求，保障圈养黑叶猴的动物福利，具有很高的实用性，是典型的理论指导与实践相结合的工具书。

4. 科研参考价值高

本书还具有很高的科研参考价值，填补了黑叶猴研究领域的空白，系统地规范了黑叶猴的饲养管理。同时，对于有科研诉求的饲养人员来说，书中的内容也提点了很多有待进一步研究的课题，专门有一章阐述了黑叶猴的科研进展与研究建议，相当于为想要进行相关科研的人员奠定了基础，呼唤着志趣相同的人们共赴科研之道。

5. 促进可持续发展理念的传播意义大

本书在恰当的时机将动物园的相关信息向公众展示。大多数动物园参观者都是为了满足猎奇心理，而本书提倡更深层次的动物园教育意义，让参观者通过动物园了解自然、保护自然，尤其是通过与黑叶猴这种在动物园外很难有机会见到的物种互动，可以使参观者萌生动物保护意识。参观者在与动物互动中的体验是最真实而深刻的，有利于人们对人与自然和谐相处的深刻理解。

通过对本书的阅读，我心生向往，想到动物园里去看看活生生的黑叶猴，拍摄它们灵动的瞬间。同时，也想向饲养黑叶猴、研究黑叶猴的科研人员们致敬，并愿加入他们的行列共同呼吁保护黑叶猴，提倡人与自然和谐共生。

长春光华学院　韩宁
2024 年 8 月 5 日于福井

■目录
Contents

序

第一部分

■ 第一部分
黑叶猴的生物学特性与野外保护

一、疣猴亚科概述

黑叶猴（*Trachypithecus francoisi*）属灵长目旧大陆猴类疣猴亚科乌叶猴属（Groves，2001）。根据最新的分类方法，灵长目猴科疣猴亚科包括疣猴族和叶猴族，其中疣猴族均分布在非洲；叶猴族有叶猴属（*Presbytis*）、白臀叶猴属（*Pygathrix*）、仰鼻猴属（*Rhinopithecus*）、长尾叶猴属（*Semnopithecus*）、豚尾叶猴属（*Simias*）、长鼻猴属（*Nasalis*）和乌叶猴属（*Trachypithecus*），共7属57种，均分布在亚洲，特别是东南亚地区（黄乘明等，2018；Matsuda 等，2022）。

（一）疣猴亚科的进化

依据胃的形态、有无颊囊，可将起源于非洲的猴科灵长类（Cercopithecidae）分成两个亚科，即猕猴亚科（Cercopithecinae）和疣猴亚科（Colobinae）（Mittermeier 等，2013；Matsuda 等，2022）。猕猴亚科动物大多体形粗壮，四肢短粗，前后肢长度相当，拇指较发达，尾长因物种而异，树栖或半树栖，口腔两侧有可以贮存食物的颊囊，胃结构简单，没有囊状胃（Groves，2001；Rowe 和 Myers，2016）。疣猴亚科动物大多身形消瘦，四肢细长，后肢一般比前肢更长、更强健，拇指退化成很小的疣突或消失（疣猴因此得名），尾长一般超过躯干，大部分物种高度树栖，口腔没有颊囊，具有富含微生物的囊状前胃，可消化高纤维食物（Davies 和 Oates，1994；Rowe 和 Myers，2016）。

根据化石和分子生物学证据，猕猴亚科和疣猴亚科的分化发生在 24～14mya* （Perelman 等，2011；Reis 等，2018）。目前发现最早的疣猴亚科化石出现在非洲肯尼亚，生活年代为中新世中期，其臼齿上发达的齿尖是疣猴亚科的典型

---

* mya 表示百万年前。——编者注

特征（Benefit 和 Pickford，1986；Rossie 等，2013）。随后疣猴亚科在非洲不断分化，于 9mya 扩散至非洲的东部、北部和南部（Suwa 等，2015；Katoh 等，2016），现代非洲疣猴的疣猴属（*Colobus*）、红疣猴属（*Piliocolobus*）和绿疣猴属（*Procolobus*）3 个属于中新世晚期已经形成（Sterner 等，2006；Perelman 等，2011；Matsuda 等，2022）。

大约在一千万年前，疣猴亚科中的一个支系演化成为现代亚洲疣猴的祖先，并通过非洲和阿拉伯半岛之间的大陆桥扩散至亚欧大陆，其代表性的化石证据（*Mesopithecus*）出现在希腊、伊朗、阿富汗、巴勒斯坦和中国（Delson，1973；Rews 等，1996；Jablonski 等，2014；Khan 等，2020）。这些疣猴亚科动物在 8～6.6mya 分化为两个分支，即经典叶猴（classical langurs）和奇鼻猴（odd - nosed monkeys）（Qi 等，2023）。经典叶猴的祖先于晚中新世（7.8～6.6mya）扩散至中南半岛（Indo - China Peninsula）的温暖的热带森林，并演化出叶猴属（*Presbytis*），其他分支进一步扩散和分化，一部分种群在上新世（5.6～4.2mya）迁至印度次大陆形成了长尾叶猴属（*Semnopithecus*），另一部分种群于更新世在中国西南部和中南半岛演化出乌叶猴属（*Trachypithecus*）（Qi 等，2023）。奇鼻猴的祖先则从印度次大陆向东扩散至青藏高原南缘，即横断山脉（7.6～6.5mya）。到了晚中新世，横断山脉随着喜马拉雅山脉一同隆升，气温明显下降，奇鼻猴祖先在寒冷环境的压力下形成了规模庞大的重层社会，并进一步分化。它们中的一支向南迁移至东南亚的热带森林（7.0～5.7mya），形成了长鼻猴属（*Nasalis*）和豚尾叶猴属（*Simias*）；另一支适应了北部的寒冷气候，随后一部分种群向南迁移演化出了白臀叶猴属（*Pygathrix*），留在北方的种群经历了更新世气候变冷的整个过程，演化出独特的仰鼻猴属（*Rhinopithecus*）（Qi 等，2023）。

在进化历史中，许多疣猴亚科物种因地球环境的变化而灭绝，但存活至今的疣猴亚科动物依然构成了较高的物种丰富度。现存疣猴亚科动物共有 80 种，其中 23 种分布在非洲，隶属于疣猴属（5 种）、红疣猴属（17 种）和绿疣猴属（1 种）；另有 57 种分布在亚洲，隶属于长尾叶猴属（8 种）、仰鼻猴属（5 种）、白臀叶猴属（3 种）、长鼻猴属（1 种）、豚尾叶猴属（1 种）、叶猴属（17 种）和乌叶猴属（22 种）（Matsuda 等，2022）。

（二）中国的疣猴亚科动物

中国现存的疣猴亚科动物共有 11 个物种，隶属于 3 个属，分别是仰鼻猴属（*Rhinopithecus*，4种）、乌叶猴属（*Trachypithecus*，6种）和长尾叶猴属（*Semnopithecus*，1种）。

1. 仰鼻猴属（*Rhinopithecus*）

中国的仰鼻猴属动物曾被认为隶属于一个包含3个不同亚种的单一物种（*Rhinopithecus roxellana*），后来根据解剖、形态、遗传和生态证据将其下属的不同亚种确认为有效种，即川金丝猴（*R. roxellana*）、滇金丝猴（*R. bieti*）、黔金丝猴（*R. brelichi*），这3种金丝猴是中国特有物种（Ellerman和Morrison-Scott，1951；Napier和Napier，1967）。此外，Geissmann等（2010）在缅甸东北部发现了一个新的仰鼻猴属物种，即缅甸金丝猴（*R. strykeri*），随后证实该物种在中国境内也有分布（Long等，2012）。至此，学界公认在中国生活着4种仰鼻猴。

川金丝猴的分布西起横断山北部，向东北方向经白水江地区延伸至甘南山地，向东分布至秦岭南北坡和湖北神农架，涉及四川、甘肃、陕西、湖北等省份（Li等，2000）。在20世纪80年代之前，川金丝猴曾经因乱捕滥杀和毁林开荒遭到严重威胁，后来的天然林保护工程、退耕还林、保护区建设等措施有效保护了这一物种，并使其种群在近30年出现了明显的增长（魏辅文，2024）。最新的调查工作共发现川金丝猴野生种群188～220个，总个体数量为22 710～26 130只（魏辅文，2024）。川金丝猴在我国属于国家一级重点保护野生动物，世界自然保护联盟（IUCN）评估其受威胁等级为濒危（Endangered，EN），濒危野生动植物种国际贸易公约（CITES）将其列入附录Ⅰ。

滇金丝猴分布区位于澜沧江和金沙江之间的云岭山脉，北起西藏芒康，向南延伸至云南的德钦、维西、云龙、兰坪和玉龙地区（魏辅文，2024）。在历史上，打猎、林木砍伐、牧场扩展、矿山开采、公路建设等人类活动曾严重威胁滇金丝猴种群及其栖息地，近30年来打猎和栖息地破坏行为得到有效遏制。根据2017—2018年的调查结果，现存滇金丝猴种群数量为3 400～4 500只，大约形成23个猴群，与2003年的调查结果（13群，1 200～1 700只）相比，其种群数量在20年内明显增加（丁伟，2003；魏辅文，2024）。然而，由于栖息地破碎化严重，滇金丝猴的不同猴群之间普遍缺乏基因交流（魏辅文，2024）。滇金丝猴在我国属于国家一级重点保护野生动物，世界自然保护联盟（IUCN）评估其受威胁等级为濒危（EN），濒危野生动植物种国际贸易公约（CITES）将其列入附录Ⅰ。

黔金丝猴仅分布于中国贵州的梵净山国家级自然保护区，生活在海拔

1 400~2 100m 的常绿阔叶林和落叶阔叶混交林中，分布面积不足 70km²。黔金丝猴及其栖息地长期受到偷猎、道路修建、旅游业发展等因素的冲击，种群数量极少，且始终未能得到有效恢复，在 1980 年约有 450 只（全国强和谢家骅，2002），到 2020 年仅存 300 余只（Guo 等，2020）。黔金丝猴在我国属于国家一级重点保护野生动物，世界自然保护联盟（IUCN）评估其受威胁等级为极危（Critically Endangered，CR），濒危野生动植物种国际贸易公约（CITES）将其列入附录Ⅰ。

缅甸金丝猴仅分布于中国和缅甸接壤的高黎贡山北部林区，西至恩梅开江，东至怒江（Geissmann 等，2011；Long 等，2012；Ma 等，2014；Meyer 等，2017）。在中国，已经得到实地调查确认的两个缅甸金丝猴种群生活在云南省怒江傈僳族自治州泸水市片马镇和鲁掌镇境内，个体数量约为 280 只（Chen 等，2015；Yang 等，2018；Chen 等，2022），但这一数字可能低估了中国境内的种群。由于高黎贡山地形陡峭，野外调查难度较大，可能有少量个体未被发现（魏辅文，2024）。缅甸金丝猴在我国属于国家一级重点保护野生动物，世界自然保护联盟（IUCN）评估其受威胁等级为极危（CR），濒危野生动植物种国际贸易公约（CITES）将其列入附录Ⅰ。

2. 乌叶猴属（*Trachypithecus*）

乌叶猴属是叶猴族分布范围最广、数量最多的一个属，一部分种类生活在东南亚地区，包括中国南方少数几个边境省份、印度东北部、泰国、印度尼西亚；另一部分种类生活在印度南部和斯里兰卡。根据形态、结构、生态遗传和起源特征，乌叶猴属又划分为 4 个组，分别是戴帽叶猴组、郁乌叶猴组、银叶猴组和黑叶猴组（表 1 - 1）（Mittermeier 等，2013；Roos 等，2013；黄乘明等，2018）。

表 1 - 1　乌叶猴属的分组

种组名	种名
戴帽叶猴组（*T. pileatus* group）	戴帽叶猴（*T. pileatus*）
	金叶猴（*T. geei*）
	肖氏乌叶猴（*T. shortridgei*）
郁乌叶猴组（暗色叶猴组，*T. obscurus* group）	郁乌叶猴（暗色叶猴，*T. obscurus*）
	巴氏银叶猴（*T. barbei*）
	印支灰叶猴（*T. crepusculus*）

（续）

种组名	种名
郁乌叶猴组（暗色叶猴组，*T. obscurus* group）	菲氏叶猴（*T. phayrei*）
	中缅灰叶猴（*T. melamera*）
	波巴叶猴（*T. popa*）
银叶猴组（*T. csirtatus* group）	银叶猴（*T. csirtatus*）
	东爪哇叶猴（*T. auratus*）
	印支银叶猴（*T. germaini*）
	安氏银叶猴（*T. margarita*）
	西爪哇叶猴（*T. mauritius*）
	西马来西亚银叶猴（*T. selangorenis*）
黑叶猴组（*T. francoisi* group）	黑叶猴（*T. francoisi*）
	印支黑叶猴（*T. ebenus*）
	德式叶猴（*T. delacouri*）
	河静乌叶猴（越南乌叶猴，*T. hatinhensis*）
	老挝乌叶猴（*T. laotum*）
	白头叶猴（*T. leucocephalus*）
	金头叶猴（卡巴叶猴，*T. poliocephalus*）

资料来源：Mittermeier 等，2013；Roos 等，2013；黄乘明等，2018；Roos 等，2020；魏辅文等，2021；Matsuda 等，2022。

中国的乌叶猴属物种有黑叶猴（*Trachypithecus francoisi*）、白头叶猴（*T. leucocephalus*）、印支灰叶猴（*T. crepusculus*）、中缅灰叶猴（*T. melamera*）、戴帽叶猴（*T. pileatus*）和肖氏乌叶猴（*T. shortridgei*）。白头叶猴在被发现之初被认为是独立物种（Tan，1955），随后有学者认为其属于黑叶猴或金头叶猴（*T. poliocephalus*）的亚种（*T. f. leucocephalus*）（Groves，2007；Mittermeiertf 等，2013；Roos 等，2014），但也有文献更倾向于将白头叶猴认定为独立的物种（Groves，2007；Mittermeiertf 等，2013；Roos 等，2014）。印支灰叶猴和中缅灰叶猴曾经被认为是菲氏叶猴（*T. phayrei*）的亚种（*T. p. crepusculus* 和 *T. p. shanicus*）（Bleisch 等，2008），近 20 多年来印支灰叶猴的物种地位首先得到确认（He 等，2012；Liedigk 等，2009；Mittermeier 等，2013；Rowe 和 Myers，2016）。*T. p. shanicus* 于 2020 年被 Roos 等学者提升为有效种（Roos 等，2020），由于该物种只在中国和缅甸两国有分布，其中文名被确定为中缅

· 5 ·

灰叶猴（魏辅文等，2021）。与之相似的是，肖氏乌叶猴在独立成种之前也曾
被识别为戴帽叶猴的一个亚种（Groves，2001）。

目前国内动物园饲养的黑叶猴中混入了部分河静乌叶猴、印支黑叶猴、老
挝乌叶猴，甚至产生了杂交后代，应对这部分动物加以鉴定区分，并与黑叶猴
隔离饲养。这几种乌叶猴都属于黑叶猴组，外表特征相似（图1-1），其中河
静乌叶猴与黑叶猴最为相似（彩图1）。

图1-1　黑叶猴组几种外表相似动物的图谱
A. 黑叶猴　B. 河静乌叶猴　C. 印支黑叶猴　D. 老挝乌叶猴

黑叶猴分布于中国广西、贵州和重庆以及越南北部地区，主要生活在喀斯
特地貌的森林中，常利用险峻的地形躲避天敌（魏辅文，2024）。历史上，黑
叶猴分布地区盛行用叶猴入药制酒的文化（吴名川等，1987），因此黑叶猴面
临高强度狩猎威胁，导致在越南多省发生了局域灭绝，目前数量不超过200只
（Insua‐Cao等，2012；Nadler和Brockman，2014）。中国的黑叶猴种群从
1980年到2000年也呈缩减趋势，数量从4 000只以上下降到不足1 700只
（吴名川等，1987；胡刚，2011）。自2010年以来，保护力度的加大使该种群

有所恢复，目前中国的种群数量约为 1 900 只，并且预计在未来的几十年中可持续增长（周岐海和黄乘明，2021）。黑叶猴在我国属于国家一级重点保护野生动物，世界自然保护联盟（IUCN）评估其受威胁等级为濒危（EN），濒危野生动植物种国际贸易公约（CITES）将其列入附录Ⅱ。

白头叶猴分布于中国广西左江和明江之间的狭小区域，是我国特有物种，现存种群生活在广西崇左白头叶猴国家级自然保护区和广西弄岗国家级自然保护区内，栖息环境为喀斯特地区的亚热带森林植被（魏辅文，2024）。由于规模化生产活动导致的栖息地破坏以及狩猎威胁，白头叶猴的种群数量曾长期维持在 700 只以下（黄乘明，2002）。进入 21 世纪后，白头叶猴的生存现状得到了更多关注，禁猎、栖息地恢复等一系列措施使其数量在 10 余年内增长了 1 倍，目前该物种个体数量已经超过 1 200 只（周岐海和黄乘明，2021）。白头叶猴在我国属于国家一级重点保护野生动物，世界自然保护联盟（IUCN）评估其受威胁等级为极危（CR），濒危野生动植物种国际贸易公约（CITES）将其列入附录Ⅱ。

印支灰叶猴在中国、缅甸、泰国、老挝、越南有分布（Mittermeier 等，2013），在中国分布在云南省怒江以东、元江以西、泸水以南的区域（李致祥和林正玉，1983；He 等，2012；Ma 等，2015），可利用常绿阔叶林、半常绿阔叶林、落叶混交林等类型的森林（Mittermeier 等，2013）。我国印支灰叶猴种群数量在 5 000 只以上（魏辅文，2024），得益于最近 30 年的保护措施，局部种群有明显增长。该物种目前仍面临栖息地退化的威胁，放牧和农业生产是主要干扰因素（魏辅文，2024）。印支灰叶猴在我国属于国家一级重点保护野生动物，世界自然保护联盟（IUCN）评估其受威胁等级为濒危（EN），濒危野生动植物种国际贸易公约（CITES）将其列入附录Ⅱ。

中缅灰叶猴分布在中国西南部和缅甸东北部，怒江以西和恩梅开江以东的地区，常绿、半常绿阔叶林是其主要的栖息地类型（Roos 等，2020）。根据近年来的调查结果，中国的中缅灰叶猴种群主要分布在云南西部高黎贡山及其周边区域，约有 2 500 只，在过去的 20 年里表现出增长趋势，但仍然面临栖息地破碎化和林下经济作物种植的影响（孙军等，2021；魏辅文，2024）。中缅灰叶猴在我国属于国家一级重点保护野生动物，世界自然保护联盟（IUCN）评估其受威胁等级为濒危（EN），濒危野生动植物种国际贸易公约（CITES）将其列入附录Ⅱ。

戴帽叶猴在中国、孟加拉国、不丹、印度和缅甸有分布，栖息于热带、亚热带森林中（Hu 等，2017）。在我国主要分布在西藏错那和墨脱，据估计种群数量不足 500 只（Hu 等，2017；魏辅文，2024）。长期以来，一直缺乏戴帽叶猴分布在中国的证据，直到 2017 年才通过影像资料加以确认（Hu 等，2017），目前还不清楚其种群变化趋势。戴帽叶猴面临的威胁和干扰包括偷猎、栖息地破坏、放牧、林下产品采集，以及大量潜在栖息地并未被自然保护区覆盖（魏辅文，2024）。戴帽叶猴在我国属于国家一级重点保护野生动物，世界自然保护联盟（IUCN）评估其受威胁等级为易危（Vulnerable，VN），濒危野生动植物种国际贸易公约（CITES）将其列入附录Ⅰ。

肖氏乌叶猴现存种群生活在中国云南省贡山县独龙江河谷以及缅甸东北部钦墩江东侧地区的季雨林和半常绿森林中（Pocock，1939；李致祥和林正玉，1983）。在 2000 年之前，中国肖氏乌叶猴种群数量整体上在不断减少，1980年代有 500～600 只（马世来和王应祥，1988），到 2000 年前后减少了一半，近 20 年种群数量锐减的趋势得到遏制，但数量依然较少，目前约有 19 群，共250～370 只（Cui 等，2016）。由于人类的狩猎和制药传统，肖氏乌叶猴常面临偷猎威胁，靠近边境的分布模式进一步增加了禁猎难度。此外，林下经济作物的种植也导致该物种栖息地的退化和破碎化（魏辅文，2024）。肖氏乌叶猴在我国属于国家一级重点保护野生动物，世界自然保护联盟（IUCN）评估其受威胁等级为濒危（EN），濒危野生动植物种国际贸易公约（CITES）将其列入附录Ⅰ。

3. 长尾叶猴属（*Semnopithecus*）

中国只有一个长尾叶猴属物种，即喜山长尾叶猴（*Semnopithecus schistaceus*）（Mittermeier 等，2013），该物种在巴基斯坦北部、印度北部、尼泊尔、中国西藏南部和不丹有分布，其分布区在地理上属于喜马拉雅山中段南翼，偏好的栖息地为亚热带季雨林及温带森林（魏辅文，2024）。喜山长尾叶猴全球种群数量不详，但据 IUCN 估计呈下降趋势。中国现存喜山长尾叶猴出现在西藏日喀则的吉隆、聂拉木、定日、定结、亚东等地区（胡一鸣等，2014；胡慧建等，2016），种群数量大约为 1300 只，与 2000 年前后相比，没有出现大幅度的变化（魏辅文，2024），目前面临着种群隔离、人猴冲突以及旅游活动等威胁和干扰（魏辅文，2024）。长尾叶猴在我国属于国家一级重点保护野生动物，世界自然保护联盟（IUCN）评估其受威胁等级为无危（Least Concern，LC），濒危野生动植物种国际贸易公约（CITES）将其列入附录Ⅰ。

（三）疣猴亚科的消化道结构及营养生态

大部分疣猴亚科动物能大量取食高纤维食物，此类食物以植物的叶为代表，很多疣猴物种被称为"叶猴"正是因为树叶在其食谱中占有重要地位（Matsuda 等，2022）。树叶在自然环境中具有很高的丰富度，是比较容易获得的食物资源，这为疣猴亚科动物在地理分布上的扩散创造了条件。

疣猴亚科动物的叶食性与其特殊的消化道结构有密切关系。疣猴亚科动物臼齿相对其体重的比例较大，臼齿的齿尖较长且靠近齿缘，这种结构通常与强大的咀嚼能力有关，有利于破坏树叶的纤维（Swindler，2002）。疣猴亚科动物的胃容积很大，其重量达到了体重的 10%～20%，可积攒大量食物，减缓消化过程，这对于消化高纤维植物是必要的（Bauchop，1971；Chivers，1994）。疣猴亚科动物胃结构复杂，疣猴属、长尾叶猴属、乌叶猴属和叶猴属的胃为三室胃，从前向后依次可分为胃囊（saccus，或称胃底，内含大量微生物）、胃体（tubiform stomach，依然含微生物）和腺胃（glandular stomach，或称幽门部，分泌胃酸）3 个部分；红疣猴属、绿疣猴属和奇鼻猴的胃为四室胃，它们的胃在三室胃的基础上多出一个前囊（praesaccus），该结构作为消化道的一个盲端与胃囊相连，内有纵向的肌肉和鳞片状上皮组织，可用于研磨食物（Chivers，1994；Matsuda 等，2024）。这些疣猴亚科动物往往比拥有三室胃的物种表现出更高的叶食性，说明前囊的确可以促进高纤维食物的消化（Matsuda 等，2022）。

疣猴亚科动物消化系统的诸多特化结构使其能通过一些独特的生理途径从高纤维食物中获取营养：植物纤维是结构性的碳水化合物，被疣猴亚科动物前胃中的微生物分解后所产生的挥发性脂肪酸则是一种能量物质，被消化道吸收后可为机体提供能量；而且，微生物本身是一种蛋白质资源，它们死亡后可被疣猴亚科动物消化吸收（Drawert 等，1962；Kay 等，1976）；此外，微生物还能解除植物次生化合物对疣猴亚科动物的伤害（Key 和 Davies，1994）。至于微生物代谢的有毒产物——氨，疣猴亚科动物可通过鸟氨酸循环将其转换为尿素排出体外（Matsuda 等，2022）。从取食行为上看，疣猴亚科动物一般不过分依赖某种植物，单个疣猴亚科物种经常取食的植物在 20 种左右，取食过的植物总物种数有时可超过 100 种（Fan 等，2015）。它们的取食行为很可能受到食物的蛋白纤维比（protein-to-fiber ratio）、能量、植物次生化合物、微量元素等因素的影响（Matsuda 等，2022）。疣猴亚科动物倾向于取食蛋白质丰富且纤维含量较低的食物，符合这一标准的植物器官有嫩叶和种子，大多数疣猴亚科物种也的确偏好这两种食物（Davies 等，1988；Chapman 等，2004；Huang 等，2010；Matsuda 等，2017）。对非洲疣猴的研究发现，那些树叶蛋白质含量较高的森林斑块可支持更多个体生存（Wasserman 和 Chapman，2003）。此外，对蛋白纤维比的要求也导致疣猴亚科动物在嫩叶较丰富的条件下很少吃老叶，尽管它们的消化道可以处理老叶中的植物纤维（Lippold，1998；Chapman，2002；Fashing，2007；Ma 等，2017）。果实中含有较高的能量，但食物中的能量对疣猴亚科动物食性的影响可能排在蛋白纤维比之后，当蛋白质需求得到满足，疣猴亚科动物会选择取食果实（Mastsuda 等，2022）。然而，大量易消化、高能量、低纤维食物在疣猴亚科动物胃内的发酵过程往往是有害的，可能引起消化道疾病，因此取食足够的植物纤维是疣猴亚科动物维持健康的重要条件（Clauss 和 Dierenfeld，2008；Matsuda 等，2017）。植物次生化合物常限制食草动物的取食行为，但是它对疣猴亚科动物食性的影响还存在争议。疣猴亚科动物富含微生物的消化道有一定解毒功能，可破解或利用植物的化学防御（Freel 和 Janzen，1974；Waterman 等，1980；Key 和 Davies，1994）。尽管如此，一些疣猴亚科物种的确会尽量避免食用单宁（tannins）含量较高的食物（Oates，1977；McKey 等，1981；Fashing 等，2007）。

（四）疣猴亚科的社会系统

由于雌性灵长类动物在后代发育和成长过程中的投入远大于雄性，所以其社会行为更受资源的影响；而雄性在繁殖中的主要贡献仅为提供精子，其繁殖成功率主要由雌性决定，所以雄性的社会行为主要受雌性影响（Strier，2017）。因此，在描述灵长类的社会系统时，为了使社会现象容易被理解，需要先剖析雌性行为，然后探讨雄性行为。

疣猴亚科动物大多能消化高纤维的食物，因此能大量取食树叶，这样的食物资源在自然界中是极为丰富的，因此雌性之间不必在食物方面进行激烈竞争（Wrangham，1980；Yeager 和 Kirkpatrick，1998；Yeager 和 Kool，2000）。此外，作为昼间活动的动物，疣猴亚科动物面临着豹、云豹等捕食者的威胁，而与其他个体组成群体是动物反捕食的重要途径，这样的集群倾向在不受食物资源限制的情况下可能导致较大的群体规模（Hamilton，1971；van Schaik 和 van Hooff，1983）。在疣猴亚科中，红疣猴属和仰鼻猴属的大部分物种、乌叶猴属和黑白疣猴属的部分物种可以形成几十甚至上百只的雌性群体，加上雄性和未成年个体，整个群体规模可达数百只，如印支灰叶猴北部种群的群体大小可超过 80 只 (Fan 等，2015；Ma 等，2015)，滇金丝猴常组成 100 多只的群 (Kirkpatrick 等，1998)，安哥拉疣猴可以形成 300 多只的超级大群 (Fashing 等，2007)。在这些规模庞大的疣猴群体中，单个雄性无法垄断群体中所有雌性的交配权，因此它们通常会容忍其他成年雄性出现在群体中，形成多雄多雌的社会组织 (Kirkpatrick 等，1998；Ma 等，2017；熊为国等，2017)。其中一部分疣猴亚科动物，如金丝猴，形成了由多个"家庭"组成的重层社会，每个家庭由一位雄性家长、多位雌性配偶以及它们的未成年后代组成 (Kirkpatrick 等，1998；Kirkpatrick 和 Grueter，2010)。然而，由于雌性有时会和家庭外的雄性交配，所以形式上的一夫多妻制并不能确保家庭中的所有的后代都属于家长 (Guo 等，2010)。

疣猴亚科中的另一些种类，如叶猴属的大部分物种和生活在喀斯特石山的黑叶猴、白头叶猴等乌叶猴属动物，通常只形成几只到十几只的小群体，每个群有几只成年雌性，往往与唯一的成年雄性生活在一起，尽管它们也拥有膨大的前胃，能消化高纤维食物，但是却无法形成如金丝猴那样的大群，这一现象被学术界称为"叶食动物悖论" (Steenbeek 和 van Schaik，2001；Koenig 和 Borries，2002)。随着研究的深入，灵长类学者发现这些疣猴亚科动物的食性是复杂的，并不能简单地用"食叶"概括，在条件允许的情况下，它们会选择吃种子、嫩芽这样高质量但相对稀少的食物，即便对成熟的树叶，它们通常也只选择那些蛋白含量比较高的叶片，因此群体内的竞争在所难免 (Snaith 和 Chapman，2005；)。此外，微生物参与的缓慢的营养过程使疣猴亚科动物不得不花大量时间以休息的状态消化食物，这也限制了它们在觅食上的时间投入，进而加剧了食物竞争 (Dunbar，1988；Korstjens 和 Dunbar，2007；Kavana 等，2015)。在这些压力下，一些无法获得足够营养的低等级个体会选择离开群体，游荡于群外的个体也难以加入较大的猴群，因而限制了群体的平均规模 (Matsuda 等，2022)。除了食物竞争，社会因素也可能限制疣猴亚科动物的群体大小。在一些疣猴亚科物种中，雄性被发现会主动杀死群体中尚在哺乳期的幼仔，这被认为是外来雄性促使群内雌性迅速开始下一个繁殖周期并产下自己后代的繁殖策略 (Hrdy，1977)，这与雄性非洲狮的行为非常相似 (Dagg 等，1998)。由于较大的雌性群体可能催生更多的游离雄性以及更频繁的主雄更换，进而导致杀婴风险的上升，因此雌性倾向于组成可由一只雄性垄断的小群体，并与该雄性形成较长久的联盟，共同对抗外来雄性 (Crockett 和 Janson，2000；

Steenbeek 和 van Schaik，2001；Matsuda 等，2022）。至此，集小群、一雄多雌的社会形式得以固定下来。

二、黑叶猴的分类学

黑叶猴又名乌猿、黑猴，Pousargues（1898）根据广西西南部龙州的一个标本首次命名为 *Semnopithecus francoisi*。后来，其他学者又相继命名过 6 个姐妹种，即越南东北部的金头叶猴 *Trachypithecus poliocephalus*（Trouessart，1878），老挝湄公河东岸的老挝叶猴 *Trachypithecus laotum*（Thomas，1911），越南中部的德氏叶猴 *Trachypithecus delacouri*（Osgood，1932），广西西南部的白头叶猴 *Trachypithecus leucocephalus*（谭邦杰，1955），越南西北部的花斑叶猴 *Trachypithecus ebenus*（Brandon‐Jones，1995）以及越南西北部的纹颊黑叶猴 *Trachypithecus hatinhensis*（王应祥等，1999）。由于这些类群的分类地位仍存在争论，所以学者们将它们统称为黑叶猴组（*T. francoisi* group）。

黑叶猴组是一组濒危或极度濒危的灵长类，因全部分布在喀斯特石山地区，故又被称为石山叶猴（Nadler 和 Long，2013）。石山叶猴具有以下几个共同特点：①形态方面，身体大多为黑色，仅头部、肩部和尾部有不同程度的白色或金黄色；幼体与成体毛色差异很大，其中幼体毛色金黄或淡黄色，随着年龄增长逐渐转变为成年体色；②生态习性方面，善于攀爬悬崖峭壁，夜间可利用峭壁上的石洞或平台过夜；③分布和数量方面，除黑叶猴外，其余 6 种石山叶猴的分布范围都很狭窄，种群数量少，这与它们生活的石山环境和物种形成机制有密切的关系（Stevens 等，2008；Nadler 和 Brockman，2014；黄乘明等，2018）。

对于白头叶猴的分类地位仍有很大的争议，争论的焦点是将白头叶猴归为黑叶猴的一个亚种，还是设为一个独立的种。白头叶猴最早由谭邦杰（1955）描述记录，由于其身体某些部位的毛色与黑叶猴有明显区别，所以被定为一个独立的种。李致祥等（1980）对广西的黑叶猴和白头叶猴的分类和分布进行了深入的研究，并采集了一批标本。他们根据这些标本的形态和对野外两群黑叶猴的观察，发现黑叶猴和白头叶猴虽然在毛色上有一定差异，在广西西南部各自拥有一定的分布区，但在分布区的交接地带，发现有不同程度的毛色杂交个体存在，故认为白头叶猴是黑叶猴的一个亚种。申兰田和李汉华（1982）通过

对白头叶猴的形态解剖和分布与黑叶猴的比较，也得出相同的结论。Ma 等
（1989）进一步研究了越南、老挝的相近类群以及黑叶猴、白头叶猴的毛色和
头骨特征，并结合分布和黑叶猴、白头叶猴在分布区交接地带出现杂交类型的
特征，对上述类群进行了系统整理，把上述所有的类群均认为是黑叶猴的亚
种。但 Brandon-Jones（1984）认为毛色上的差异足以将白头叶猴和黑叶猴设
为独立的种。Eudey（1987）也提出越来越多的证据证明白头叶猴具有种的地
位。卢立仁和李兆元（1991）则根据起源演化和形态特征认为白头叶猴和黑叶
猴至少是姐妹种。虽然 Wang 等（1997）和丁波等（1999）用分子生物学的方
法从分子水平上证实白头叶猴为黑叶猴的亚种，但 Li（2000）认为由于缺乏
客观的标准来衡量种与亚种间遗传距离的差异，Wang 等（1997）的数据还无
法解决两种叶猴的分类地位。而且，Wang 等（1997）也认为在保护行动中，
白头叶猴应被视为一个进化显著性单元。Groves（2001）和 Brandon-Jones
等（2004）在他们的分类系统中也将黑叶猴和白头叶猴分为两个独立的种。

三、黑叶猴的形态学

黑叶猴成体毛色均为黑色，背部体毛较腹面长而浓密，因此又被叫作乌
猿。其头顶有 1 撮直立的黑色冠毛，枕部有 2 个毛旋，眼睛呈黑色，两颊从耳
尖至嘴角处各有一道白毛，形状好似两撇白色的胡须；初生幼体除尾巴呈灰黑
色外，其余体毛呈金黄色，1～3 个月后逐渐向黑色转变，至 1 岁左右变成黑
色。黑叶猴雌雄两性的体型差异不大，雌性在会阴区至腹股沟内侧有一块略呈
三角形的花白色斑，雄性则为黑色斑，并有粉红色的阴茎突起（梅渠年和黄兴
雅，1987）。

黑叶猴身体纤瘦，四肢细长，尾特别长，超过头体长。成年个体的平均体重
为（5 950±65.27)g，平均头长为（80.95±3.75)mm，平均躯干长为（416.25±
23.53)mm，平均前肢长为（433.50±19.84)mm，平均后肢长为（523.00±
35.69)mm，平均尾长为（869.38±61.55)mm（潘汝亮等，1989）（表 1-2）。

表 1-2　成年黑叶猴的体征指标

体征	平均数	标准差	变异系数
体重（g）	5 950.00	65.27	11.00
体长（mm）	536.43	14.35	2.71

（续）

体征	平均数	标准差	变异系数
尾长（mm）	869.38	61.55	7.10
躯干长（mm）	416.25	23.53	5.65
胸围（mm）	368.75	27.60	7.48
胸宽（mm）	87.56	6.43	7.34
胸深（mm）	108.03	13.79	12.26
肩宽（mm）	124.00	15.20	12.26
臀部宽（mm）	112.88	6.89	6.10
后肢长（mm）	523.00	35.69	6.84
大腿长（mm）	192.38	6.94	12.32
小腿长（mm）	198.75	6.94	3.49
足长（mm）	153.25	13.54	8.83
前肢长（mm）	433.50	19.84	4.58
上臂长（mm）	156.62	8.33	5.32
前臂长（mm）	159.63	25.59	14.78
手长（mm）	112.57	10.67	9.48
头长（mm）	80.95	3.75	4.63
头宽（mm）	71.75	3.92	5.46
头高（mm）	79.42	2.54	3.19
总面高（mm）	56.64	3.22	5.69
面宽（mm）	67.04	3.09	4.61
头围（mm）	260.80	9.71	3.72

四、黑叶猴的生理学

目前对于黑叶猴的呼吸频次、心率、体温等缺乏系统研究和报道，许家强（1985）在《黑叶猴间质性肾炎合并肾坏死脓肿一例》中提到黑叶猴的正常体温为 38～39℃。

五、黑叶猴的寿命

据赖茂庆（2009）报道，在广西梧州市园林动植物研究所的 36 年（1973—

2009 年）的黑叶猴饲养历史中，人工饲养时间达 15 年的有 32 只，达 20 年的有 15 只，达 25 年的有 7 只，达 30 年的有 2 只。人工饲养时间最长的是 1 只自繁雌性黑叶猴，该猴出生于 1979 年 1 月 10 日，曾产仔 12 胎，报道时人工饲养时间已长达 30 年 5 个月，身体健康，且当时仍在正常饲养中。而年龄最大的是 1 只雄性黑叶猴，该猴于 1982 年 1 月调入梧州市园林动植物研究所饲养，进园时年龄约 9 岁，人工饲养时间达 25 年，于 2007 年 1 月 26 日因衰老死亡，寿命约 34 岁。

高喜凤（2014）对中国黑叶猴圈养种群的分析显示，黑叶猴圈养种群平均寿命为 18.1 岁，50% 的个体存活到 15.8 岁，25% 的个体存活到 27.9 岁，10% 的个体存活到 32.8 岁。

六、 黑叶猴的野外种群和保护现状

（一）分布与数量

黑叶猴分布于中国西南部至越南和老挝的长山山脉以北、湄公河流域以东的广大地区（Fooden，1976；Groves，2001）。在中国仅分布于广西、贵州和重庆南部，是我国叶猴类中分布最东、海拔最低的物种，分布海拔在 120～1 400m（王应祥等，1999）。20 世纪 90 年代以前，该物种广泛分布于广西和贵州的多个县乡。在广西主要分布于以下县：大新、龙州、扶绥、崇左、宁明、田东、平果、隆林、靖西、天等、那坡、德保、邕宁、武明、马山、上林、都安、巴马、隆安、西林、天峨、上思及防城等，种群数量估计为 4 000～5 000 只（吴名川，1983；吴名川等，1987）。但到了 2002 年，黑叶猴种群数量下降至 44 群 307 只，呈现栖息地极度破碎化和隔离化的状态，分布在大新、龙州、隆林、靖西、崇左、德保、上林、隆安、扶绥、天等 10 个县。20 世纪 80 年代，大新恩成保护区据称是广西境内黑叶猴种群数量最大的区域，但是 21 世纪初的调查显示，该保护区只有 6 群 30 多只。更可悲的是，有些黑叶猴栖息地（保护区）只有 1 群不到 10 只个体，并与相邻栖息地相距甚远（Li 等，2007）。

黑叶猴在贵州分布于兴义县，册享县，水城县的野钟，桐梓县的羊磴、松坎，绥阳县的宽阔、太白，正安县的庙塘、凤仪，道真县的大矸、三桥，务川县的大坪以及沿河县的麻阳河等地，数量估计为 946～1 094 只（李明晶，1995）。2008 年贵州黑叶猴种群的个体数量为 1 160～1 200 只，但 5 个原有分布点的黑叶猴种群已经消失（胡刚，2011；李宗瑜等，2008）。2010 年重庆黑叶猴种群的个体数量约为 200 只，残存于南川区金佛山彭水与武隆交界处的芙蓉江以及万盛的黑山谷等 3 个隔离分布点（胡刚，2011）。随着保护力度的加大，我国黑叶猴种群在近些年有增长趋势，目前恢复至约 1 900 只（周岐海和黄乘明，2021）

（二）栖息地

在广西，黑叶猴分布区的地表崎岖险峻，多悬崖峭壁、溶洞、伏流、山弄、深涧、峡谷等复杂的地形。分布区地处北亚热带，气候炎热，夏季长达 7个月以上，年均气温在 20℃以上，年积温 6 000～8 000℃，主要分布区年积温达 9 000℃左右；年降水量在 1 400mm 左右，冬季、早春干旱时间较长。同时，分布区地处季风区，高温、雨季和潮湿气候同时出现。分布区内热带植物资源十分丰富，季雨林中原生、次生、残生植物四季常青茂盛，叶、花、果实、种子终年不断（吴名川等，1987）。

在贵州麻阳河自然保护区内，年均气温 13.4～17.9℃，7 月平均气温23.7～28℃，1 月平均气温 2.4～6.9℃；全年无霜期在 250d 以上；年降水量为 1 050～1 250mm，多集中在 5—7 月，约占全年降水量的 38%，属中亚热带温暖季风气候。由于森林植被遭到严重破坏，除悬崖峭壁地带残存着少量较原始的常绿、落叶阔叶混交林外，峭壁以上多为裸露岩石，有些地带则被开垦成农田，或为灌丛和少量的常绿、落叶阔叶混交林次生林地，所以河流两岸的悬崖峭壁成为黑叶猴的主要活动场所（李明晶，1995）。

据苏化龙等（2002）在重庆武隆区和彭水县交界处的调查发现，黑叶猴主要在位于芙蓉江峡谷中地势险峻的陡峭山坡地带活动，海拔在 250～600m，有时也在海拔 200～230m 的江边裸岩峭壁地带活动。该峡谷地带四季分明，冬季温暖罕见积雪，夏季高温酷热异常，年均气温 17.6℃，1 月平均气温 6.9℃，7 月平均气温 27.9℃，年降水量 900～1 200mm。黑叶猴栖息生境为“斑块状”的沿江天然阔叶林条带，森林以常绿阔叶树为主，混杂有部分阔叶落叶树和零星针叶树，靠近山顶地带为针叶林或混交林，并与农耕地相邻接。

（三）保护现状

黑叶猴为我国一级重点保护野生动物，被国际自然保护联盟评定为濒危等级。目前，在我国黑叶猴的分布范围内共有 16 个保护区，总面积 2 734km²，包括广西弄岗国家级自然保护区、广西崇左白头叶猴自然保护区、广西恩城国家级自然保护区、贵州麻阳河国家级自然保护区、贵州宽阔水自然保护区、贵州大沙河自然保护区、贵州六盘水野钟保护区、重庆金佛山国家级自然保护区。但是，现有分布区仅一半面积（约 1 357km²）被森林（含人工林）覆盖，且大多数保护区内的天然林不连续，往往被人工林、灌丛、草地、耕地、公路和村庄所分隔。虽然保护区的面积很大，但黑叶猴能够生活的面积很少且十分分散，总共仅为 480km²（胡刚，2011）。

黑叶猴生境为喀斯特地貌，在广西，黑叶猴分布的石山周围的山弄及其周边的较平坦地区大多有人类活动，人为景观完全把黑叶猴栖息地包围，各个被分隔的黑叶猴种群相互之间很难交流；而在贵州，各分布区虽然破碎化很严重，甚至比广西破碎化程度高很多，但是由于人类只能在石山的顶部或底部活动，很难涉足沿着江河分布的悬崖，悬崖区域植被条件好，连通性高，形成了黑叶猴各个种群之间可以进行交流的宽阔的廊道，减轻了破碎化导致的黑叶猴不同种群之间的隔离，石山的连通性对黑叶猴的生存和种群交流具有重要的作用。相对来说，由于栖息地特征不同，广西的黑叶猴种群相互交流的难度要大于贵州的黑叶猴种群（陈智，2006）。

城市扩张、道路和水利建设更加剧了野生动物栖息地的破坏，归根结底，人口的快速增长是栖息地破碎化的根本原因。现阶段黑叶猴各个分布区相互隔离的情况非常严重，广西黑叶猴最大栖息生境面积为 6 821.39hm²，最小栖息生境面积为 1 014.94hm²，各栖息生境之间的直线距离最小为 9km，最大直线距离为 361km。各栖息生境完全被人工景观所包围，之间甚至有河流、公路的阻隔。在自然条件下，不同栖息生境的黑叶猴很难跨越这些障碍进行相互交流。黑叶猴栖息生境的破碎化程度较高，各栖息生境景观块数破碎化指数最小为 0.002 8，最大为 0.007 6；森林斑块面积破碎化指数最小为 0.058 4，最大为 0.511 0（陈智，2006）。

七、黑叶猴的营养学

在广西弄岗地区，黑叶猴采食的 90 种植物中，占总觅食记录 1% 以上的植物有 25 种（28%），大于 2% 的有 13 种（14%），大于 5% 的只有 7 种植物（8%）。采食最多的 10 种植物是围涎树、显脉榕、金丝李、毛叶山胶木、榕树、密榴木、婵翼藤、全裂羊蹄甲、铁屎米，它们占总觅食记录的 62.2%

（Zhou 等，2006）。

在广西扶绥地区，黑叶猴主要采食植物的嫩叶，其含水量在 47.3%～79.8% 之间变化。蛋白质含量最低为 7.23%，最高为 43.66%；粗纤维含量最高为 61.4%，最低为 16.48%（蔡湘文，2004）（表 1-3）。黑叶猴食物中平均单宁含量为 60.96mg/g。不同植物的单宁含量差异很大，牛苷果的含量最高，为 285.21mg/g；细叶楷木的含量次之，为 165.28mg/g；潺槁树的含量相对较低，为 24.11mg/g；牛奶藤的含量最低，为 12.73mg/g。不同采食部位的单宁含量也不相同。嫩叶的平均单宁含量最高，为 67.98mg/g；其次为成熟叶（60.4mg/g）和果实（57.13mg/g），花的平均单宁含量最少，仅为 33.84mg/g（李友邦，2008）。

表 1-3　广西扶绥黑叶猴食物的水分、粗蛋白和粗纤维含量（%）

植物名称	采食部位	水分含量	粗蛋白含量	粗纤维含量
潺槁树（Litsea glutinosa）	树叶	60.00	13.27	37.76
余甘子（Phyllanthus emblica）	树叶	55.45	17.52	25.19
粉防己（Stephania tetrandra）	树叶	63.37	11.48	28.67
黄鳝藤（Berchemia floribunda）	树叶	76.26	10.05	30.40
锡生藤（Cissampelos pareira）	树叶	71.27	20.76	26.12
雀梅藤（Sageretia thea）	树叶	52.50	13.91	25.59
白饭树（Flueggea virosa）	树叶	60.60	—	—
轮环藤（Cyclea polypetala）	树叶	67.10	—	—
椴树（Tilia tuan）	树叶	55.37	13.73	33.06
海桐（Pittosporum tobira）	树叶	45.05	—	—
假鹰爪（Desmos chinensis）	树叶	58.60	13.12	25.34
细叶楷木（Pistacia weinmannifolia）	树叶	48.65	—	—
老虎刺（Pterolobium punctatum）	树叶	58.95	9.68	21.61
桑寄生（Loranthus parasiticus）	树叶	72.10	27.20	39.28
构树（Broussonetia papyrifera）	树叶	73.22	16.32	43.22
异叶秋（Stereospermum chelonoides）	树叶	70.23	—	—
假烟叶树（Solanum verbascifolium）	果实	74.97	—	—
了哥王（Wikstroemia indica）	果实	79.80	43.66	19.00
灰毛酱果楝（Cipadessa cinerascens）	树叶	67.83	13.31	31.75
石山榕（Ficus wightiana）	树叶	69.75	15.49	16.48

（续）

植物名称	采食部位	水分含量	粗蛋白含量	粗纤维含量
畏芝 (*Radix cudraniae*)	树叶	65.30	15.49	16.48
萍婆 (*Sterculia nobilis*)	树叶	52.30	9.68	61.40
红背山麻杆 (*Alchornea trewioides*)	树叶	63.28	54.73	19.07
木棉 (*Bombax malabaricum*)	树叶	62.32	23.58	47.22
威灵仙 (*Clematis chinensis*)	树叶	64.79	18.42	39.46
青风藤 (*Sabia japonica*)	树叶	72.33	—	—
朴树 (*Celtis tetrandra*)	树叶	72.30	32.00	23.32

注："—"表示未检测，余同。

在广西弄岗地区，黑叶猴食物组成中的树叶占71%，其中嫩叶占46.9%，成熟叶占24.1%；果实占食物组成的13.2%。黑叶猴每月采食树叶的平均含水量在（61.59±3.83）%（11月）至（72.59±7.64）%（6月）之间，各月份食物中叶子的平均水分含量有明显的差异。黑叶猴在雨季采食树叶的平均含水量（70.68±1.22）%高于旱季（67.21±1.73）%。主要采食部位的平均含水量存在显著差异，其中，嫩叶的含水量最高，平均为（72.01±8.00）%；其次是成熟叶，平均为（66.25±7.90）%；果实的含水量最低，平均为（63.72±10.07）%（吴茜等，2011）（表1-4）。

表1-4 广西弄岗黑叶猴采食植物树叶的水分含量

物种	水分含量（%）		
	嫩叶	成熟叶	果实
野葛 (*Pueraria thunbergiana*)	73.09	74.91	
牛筋藤 (*Malaisia scandens*)	69.49		52.38
假刺藤 (*Embelia scandens*)	71.39	75.50	
光榕 (*Ficus glaberrima*)	79.10	73.39	63.65
密榴木 (*Miliusa chunii*)	61.25	75.63	
人面子 (*Dracontomelon dao*)	61.20	66.17	
显脉榕 (*Ficus nervosa*)	76.20	67.98	
菟丝子 (*Cuscuta chinensis*)	82.78	83.23	
米浓液 (*Teonongia tonkinensis*)	75.25	64.25	
鳞尾木 (*Urobotrya latisquama*)	58.82	61.20	

（续）

物种	水分含量（%）		
	嫩叶	成熟叶	果实
铁屎米（Canthium dicoccum）	58.90	52.81	
倒吊笔（Wrightia pubescens）	69.57	70.26	62.55
米念芭（Tirpitzia ovvoidea）		62.30	
围涎树（Pithecellobium clypearia）	75.87	60.09	58.00
鸡矢藤（Paederia scandens）		75.11	
菝葜（Smilax china）	82.20		
蚬木（Burretiodendron hsienmu）	64.99	58.64	
岭南酸枣（Spondia lakonensis）	64.06	63.16	
山石榴（Randia spinosa）		64.31	
假鹊肾树（Pseudostreslus indica）		59.96	
榕树（Ficus microcarpa）	75.03	60.10	
水丝麻（Maoutia puya）	74.34		
莨芝（Cudrania cochinchinensis）		66.18	
香花球兰（Hoya yuennanensis）	75.80	67.91	
砍头树（Zenia insigne）	75.18	64.41	
小栾树（Boniodendron minor）	62.08	58.47	
买麻藤（Gnetum montanum）		60.16	
尾叶崖爬藤（Tetrastigma caudatum）	75.34		
小叶崖爬香（Piper arboricola）	80.68	76.98	
白背瓜馥木（Fissistigma glaucescens）	70.92		
红背山麻杆（Alchornea trewioides）	53.62		
弄岗通城虎（Aristoloshia longgangensis）	76.48	79.03	
木蝴蝶（Orocylon indicum）	75.13		
安南牡荆（Vitex kwangsiensis）	74.15		
菩黍树（Prosartema stellaris）	79.95		
黄独（Dioscorea bulbifera）	68.13		
鸡皮果（Clausena anisum）			69.14
柿叶木姜（Litsea monopetala）			75.69
毛叶山胶木（Sinosideroxylon pedunculatum）	65.31		
柴龙树（Apodytes dimidiata）	57.26		

　　黑叶猴旱季采食的 12 种主要食物，水分平均含量为（67.49±2.42)％，含量最高为菟丝子（*Cuscuta chinensis*），约 81.30％，含量最低为铁屎米（*Canthium dicoccum*），约 56.42％；粗脂肪平均含量为（9.58±0.86)％，含量最高为假鹊肾树（*Pseudostreslus indica*），15.52％，含量最低为鳞尾木（*Urobotrya latisquama*），4.44％；粗蛋白平均含量为（9.05±1.31)％，含量最高为野葛（*Pueraria thunbergiana*），17.38％，含量最低为铁榄（*Mastichodendron wightianum*），3.97％；粗纤维平均含量为（15.42±1.92)％，含量最高为铁屎米，27.89％，含量最低为野葛，5.49％；酸性洗涤纤维（ADF）平均含量为（18.52±2.02)％，含量最高为铁屎米，31.64％，含量最低为野葛，7.82％；中性洗涤纤维（NDF）平均含量为（29.78±2.17)％，含量最高为铁屎米，43.20％，含量最低为野葛，18.95％；Ca 平均含量为（6.06±0.30)μg/g，最高为米浓液（*Teonongia tonkinensis*），6.84μg/g，最低为菟丝子（IF），3.00μg/g；Mg 平均含量为（30.01±1.34)μg/g，最高为米浓液，35.87μg/g，最低为铁榄，22.50μg/g；Fe 平均含量为（0.66±0.04)μg/g，最高为鳞尾木，0.90μg/g，最低为菟丝子（IF），0.48μg/g；Cu 平均含量为（0.45±0.16)μg/g，最高为野葛，1.79μg/g，最低为铁榄，0.03μg/g；Zn 平均含量为（2.60±0.44)μg/g，最高为野葛，6.18μg/g，最低为铁榄，0.71μg/g；Mn 平均含量为（2.65±0.41)μg/g，最高为鳞尾木，5.30μg/g，最低为菟丝子（IF），0.87μg/g（吴茜，2012）（表 1 - 5）。

表 1 - 5　广西弄岗旱季黑叶猴采食的 12 种主要植物树叶的营养成分含量

物种	水分 (%)	粗脂肪 (%)	粗蛋白 (%)	粗纤维 (%)	ADF (%)	NDF (%)	Ca (μg/g)	Mg (μg/g)	Fe (μg/g)	Cu (μg/g)	Zn (μg/g)	Mn (μg/g)
显脉榕 (*Ficus nervosa*)	62.84	8.85	5.97	10.96	13.69	24.38	6.73	35.82	0.58	0.06	1.15	3.95
鳞尾木 (*Urobotrya latisquama*)	60.63	4.44	13.93	10.73	12.95	20.33	6.82	33.66	0.90	0.59	4.25	5.30
野葛 (*Pueraria thunbergiana*)	74.14	6.49	17.38	5.49	7.82	18.95	6.32	28.95	0.87	1.79	6.18	4.25
米浓液 (*Teonongia tonkinensis*)	67.68	11.12	11.45	14.45	17.38	29.18	6.84	35.87	0.67	0.14	1.88	2.01
假鹊肾树 (*Pseudostreslus indica*)	58.11	15.52	6.04	22.01	26.05	38.57	6.40	35.08	0.61	0.42	2.48	2.57

（续）

物种	水分 (%)	粗脂肪 (%)	粗蛋白 (%)	粗纤维 (%)	ADF (%)	NDF (%)	Ca (μg/g)	Mg (μg/g)	Fe (μg/g)	Cu (μg/g)	Zn (μg/g)	Mn (μg/g)
铁屎米（*Canthium dicoccum*）	56.42	11.74	4.67	27.89	31.64	43.20	5.99	29.06	0.52	0.09	1.44	1.53
假刺藤 （*Embelia scandens*）	75.13	9.53	9.21	19.89	23.54	35.05	6.34	27.55	0.85	0.07	2.21	2.23
菟丝子 （*Cuscuta chinensis*）	81.30	12.87	4.91	9.11	13.27	25.61	3.00	22.70	0.48	0.05	1.91	0.87
野葛（*Pueraria thunbergiana*）	75.28	9.70	15.59	9.40	12.42	23.68	6.08	28.63	0.80	1.15	4.03	4.23
光榕 （*Ficus glaberrima*）	66.94	6.91	7.34	22.23	25.67	36.29	6.64	32.31	0.55	0.48	2.18	1.44
副萼翼核果 （*Ventilago calyculata*）	63.93	9.30	8.20	15.61	18.38	30.87	5.45	27.94	0.50	0.54	2.74	1.57
铁榄 （*Mastichodendron wightianum*）	—	8.42	3.97	17.23	19.37	31.28	6.08	22.50	0.56	0.03	0.71	1.80

注："—"表示未检测。

八、 黑叶猴的繁殖学

（一）生长发育

黑叶猴幼仔出生时体毛呈橘黄色，经8～9个月的生长发育，毛色逐渐转变为成体的典型毛色。毛色转变分3种方式：①较均衡地转换身体各部分，即从棕红色体毛转为黑色；②从尾、四肢末端部位开始，向躯体到头部转换成黑色（彩图2）；③从尾端开始向躯体到头部逐渐转换成黑色（梅渠年，1991）（彩图3）。

幼仔的体重变化受遗传、环境、营养和疾病的影响。1月龄至3.5岁，雌性个体比雄性个体增重快；3岁7月龄至4岁10月龄，雌性个体增重减慢。幼仔的平均月增重无论雌雄均出现两个高峰期（表1-6），第一高峰期雌性比雄性早1年，第二高峰期均集中在3～3.5岁。1月龄至4岁10月龄，幼仔平均月增重为（115.7±51.0)g，其中，雄性个体为（118.3±47.4)g，雌性个体为（113±54.3)g（梅渠年，1991）。

黑叶猴头体长在2岁4月龄前雄性比雌性增长快；3岁6月龄左右雌性比雄性增长快，而雄性显得平缓；在4岁后，雄性才较雌性快。而尾长在2岁4月龄前，雄性则比雌性增长慢，在4岁才比雌性增长快。雌性的头体长与尾长的比值为1∶1.60，雄性的头体长与尾长的比值为1∶1.62。两性平均头体长与尾长的比值为1∶1.61。黑叶猴幼仔出生后头围比胸围大，到7月龄时，头围与胸围的长度基本近似，在此之后，胸围才比头围大。增长曲线表明，雄性头围的增长速度始终比雌性快。雌性和雄性的头围比值为1∶1.02。雌性的胸围增长速度始终快于雄性。雌性和雄性的胸围比值为1∶0.97。而耳长的增长非常缓慢，平均增长率为8.94%。其耳长与头围的平均比值为1∶6.04；耳长与胸围的平均比值为1∶7.10；头围与胸围的平均比值为1∶1.17（梅渠年，1994）（表1－7）。

幼仔的乳齿于出生后8日龄长出第1对门齿。1月龄长出1～2对上门齿、2对下门齿。2月龄长出第1对臼齿，部分长出犬齿。3月龄长齐犬齿。4～5月龄长出第2对下臼齿。6月龄幼仔长齐全部20枚乳齿。1岁1月龄至1岁2月龄长出下颌第1枚臼齿（恒齿）。在1岁3月龄长出上颌第1枚臼齿（恒齿）。2岁4月龄至2岁5月龄长出下颌第2枚臼齿（恒齿）。2岁8月龄至2岁10月龄长出上颌第2枚臼齿（恒齿）。4岁至4岁6月龄长出下颌第3枚臼齿（恒齿）。4岁10月龄长出上颌第3枚臼齿（恒齿）。2岁2月龄至4岁是幼仔乳齿脱落、恒齿更替期，脱落和更替一般以先下颌后上颌，先门齿（2岁2月龄至3岁4月龄）后犬齿（2岁7月龄至3岁4月龄）再到前臼齿（3岁3月龄至4岁）的顺序进行（梅渠年，1991）。

（二）性成熟特征

在圈养条件下，黑叶猴性成熟年龄为：雌性（3.96±0.53）岁，雄性（5.48±0.38)岁。雌性个体在2岁4月龄时，开始出现阴唇肿胀，黏膜呈淡红色，腹股沟的白斑皮肤区稍有光泽而显得油润；在3岁时有月经现象，但多不明显；在3岁4月龄时，有抬起臀部、翘尾巴、放低前肢等行为，示意雄性爬跨交配；在3岁9月龄肘，有较强烈的发情表现。发情期的雌性个体比平日兴奋，其阴唇肿胀，较湿润，腹股沟的白斑皮肤区稍有光泽而显得油润；喜欢接

表1-6 黑叶猴不同年龄组体重的变化（g）

年龄范围	雄性				雌性			
	个体数（只）	平均值±标准差	变化范围	平均月增重	个体数（只）	平均值±标准差	变化范围	平均月增重
出生	4	500±12	485~515		4	493±19	470~520	
1~6月龄	10	687±200	400~1 000	31	20	782±261	425~1 400	48
7月龄至1岁	14	1 499±250	1 000~1 950	135	9	2 004±497	1 300~2 800	204
1岁1月龄至1岁6月龄	9	2 428±377	1 750~3 150	155	14	2 838±398	1 850~3 500	139
1岁7月龄至2岁	11	3 439±313	3 000~4 000	169	14	3 723±650	2 250~4 250	148
2岁1月龄至2岁6月龄	10	4 105±408	3 450~4 800	111	7	4 421±202	4 000~4 650	116
2岁8月龄至3岁	8	4 438±461	3 750~5 250	83	2	4 713±38	4 675~4 750	73
3岁1月龄至3岁6月龄	10	5 448±716	4 150~6 600	168	2	5 675±175	5 500~5 850	160
3岁7月龄至4岁	4	6 363±163	6 150~6 600	153	4	5 808±816	4 500~6 750	22
4岁1月龄至4岁10月龄	4	6 725±195	6 575~7 000	60	6	6 342±649	5 500~7 100	107

表 1-7 黑叶猴年龄与身体长度变化（cm）

组别	项目	头体长 ♂	头体长 ♀	尾长 ♂	尾长 ♀	头围 ♂	头围 ♀	耳长 ♂	耳长 ♀	胸围 ♂	胸围 ♀	手掌长 ♂	手掌长 ♀	脚掌长 ♂	脚掌长 ♀
I	个体数（只）	17	23	17	23	16	23	9	12	15	22	13	19	13	19
	平均值±标准差	23.46± 0.86	22.29± 0.30	35.41± 1.60	34.78± 0.59	20.46± 0.25	19.7± 0.23	3.43± 0.08	3.06± 0.08	15.54± 0.61	16.73± 0.43	6.88± 0.33	6.41± 0.19	9.18± 0.4	8.79± 0.21
	变化范围	16~29	13.6~ 27	18.5~ 45.2	25~ 45	18.8~ 21.8	18~ 22	3.2~ 3.8	2.6~ 3.5	11.5~ 19.9	12.0~ 20	5.0~ 8.6	4.5~ 8.5	6.5~ 11.3	7.5~ 11
	增长率（%）	118.16	126.83	142.90	128.03	34.16	37.11	35.57	44.12	125.82	129.35	91.42	94.54	96.08	94.54
	雌雄平均增长率（%）	22.79		35.05		20.02		3.22		16.65		6.60		8.95	
II	个体数（只）	26	23	26	23	26	22	19	12	26	22	25	18	26	19
	平均值±标准差	31.13± 0.47	32.49± 0.81	49.32± 0.59	52.18± 1.33	22.30± 0.16	22.32± 0.2	3.64± 0.05	3.74± 0.07	22.57± 0.36	23.95± 0.58	8.63± 0.12	8.54± 0.21	11.98± 0.2	11.75± 0.2
	变化范围	27.5~ 37	25~ 39	44.5~ 56.5	41.7~ 64	20~ 24	20.4~ 25	3.1~ 4.0	3.5~ 4.5	22.3~ 34	22~ 34	8.5~ 12.4	8.5~ 12	12~ 16.2	12~ 16.6
	增长率（%）	32.69	45.76	39.28	50.03	8.99	13.30	6.12	23.53	36.46	43.16	25.44	33.23	30.5	33.67
	雌雄平均增长率（%）	31.77		50.66		22.31		3.69		23.20		8.59		11.88	

（续）

组别	项目	头体长 ♂	头体长 ♀	尾长 ♂	尾长 ♀	头围 ♂	头围 ♀	耳长 ♂	耳长 ♀	胸围 ♂	胸围 ♀	手掌长 ♂	手掌长 ♀	脚掌长 ♂	脚掌长 ♀
III	个体数（只）	28	37	27	36	27	36	19	27	26	37	24	29	22	29
	平均值±标准差	39.51±0.58	39.01±0.43	61.71±0.97	63.26±0.75	23.85±0.18	23.80±0.15	4.08±0.06	3.96±0.05	28.59±0.51	29.17±0.50	10.68±0.18	10.71±0.13	14.71±0.19	14.47±0.19
	变化范围	33~43.5	32.8~43	47.5~70	56~73.7	22~25.5	22~25.5	3.7~4.5	3.5~4.5	22.3~34	22~34	8.5~12.4	8.5~12	12~16.2	12~16.6
	增长率（%）	26.92	20.07	25.12	21.23	6.95	6.63	12.09	4.76	26.67	21.80	23.75	25.41	22.79	23.15
	雌雄平均增长率（%）	39.22		62.59		23.83		4.01		28.93		10.69		14.58	
IV	个体数（只）	34	21	34	20	31	19	32	16	36	21	34	19	34	18
	平均值±标准差	44.71±0.61	45±0.71	75.25±1.04	14.64±1.04	27.20±0.38	25.56±0.42	4.42±0.04	4.34±0.05	33.94±0.45	35.11±0.56	12.66±0.14	12.16±0.23	16.95±0.13	16.45±0.15
	变化范围	31.5~52	41~53	61.5~88.6	68.2~85	22.3~28	23~30	3.8~4.8	4.0~4.7	29.9~42	31~39.5	11~14.4	11~15.5	15~18.5	15.5~17.5
	增长率（%）	13.16	17.92	21.96	17.99	14.38	7.39	8.33	9.60	18.71	20.36	18.54	13.54	15.23	13.75
	雌雄平均增长率（%）	45.21		75.03		26.63		4.39		34.37		12.48		16.78	

（续）

组别	项目	头体长		尾长		头围		耳长		胸围		手掌长		脚掌长	
		♂	♀	♂	♀	♂	♀	♂	♀	♂	♀	♂	♀	♂	♀
V	个体数（只）	11	9	11	9	11	9	10	7	11	9	10	7	10	7
	平均值±标准差	51.18±0.75	50.55±0.85	86.01±1.09	79.31±0.94	27.45±0.32	27.01±0.26	4.65±0.06	4.41±0.08	37.35±0.72	38.37±0.87	13.17±0.21	12.47±0.20	18.0±0.13	17.1±0.15
	变化范围	48.5~65	48~56	81~91	76.5~83.8	26.5~30.2	26~28	4.5~5.0	4.2~4.8	33~41	35~42.5	12.5~14.4	11.6~13.1	17.5~18.5	16.5~18
	增长率（%）	14.47	9.91	14.28	6.26	0.62	5.67	5.44	1.61	10.05	9.39	4.03	2.55	6.19	3.89
	雌雄平均增长率（%）	50.90		83.50		27.26		4.55		37.81		12.88		17.63	

注：Ⅰ，出生至5月龄组；Ⅱ，6月龄至1岁2月龄组；Ⅲ，1岁3月龄至2岁4月龄组；Ⅳ，2岁5月龄至4岁1月龄组；Ⅴ，4岁2月龄以上组。

近或跟随雄性个体；相互理毛，并在雄性个体前翘尾；时常有意抬起臀部，放低前肢，回头观望雄性，并发出短促的鼻音（梅渠年，1991，1998）。

雄性个体在 1 岁 2 月龄时睾丸还未降入阴囊；在 3 岁 3 月龄至 4 岁，睾丸落入阴囊。在此期间，在发情雌性个体的示意下，雄性个体出现爬跨行为。雄性个体在 4 岁 6 月龄后，阴茎常勃起，并进行手淫；5.5～6 岁才具有生育能力；在 6 岁 10 月龄，表现较强的性欲和好斗（梅渠年，1991）。

（三）繁殖周期

圈养条件下，雌性黑叶猴正常的生殖周期为（17.42±1.79)个月，而经(10.97±1.8)个月的哺乳期后交配，重新妊娠。出现流产、早产、新生儿死亡、幼仔哺乳期夭折时，雌性平均经（75±27.42)d 后才能恢复发情并交配妊娠（梅渠年，1991）。在麻阳河国家级自然保护区，黑叶猴生殖间隔平均为(704±50)d，一般为 21～25 个月，平均为 23 个月（吴安康等，2006）。

（四）交配

黑叶猴的交配多在休息台和地面进行。交配程序一般包括：邀配—爬跨—抽动—射精—退下（梅渠年，1998）。邀配分为雌性邀配和雄性邀配两种。雌性邀配表现为注视雄性，在雄性视野范围内活动，呈臀翘尾，匍匐等待；若雄性无反应，雌性会扭头期待，甚至多次重复上述动作，或结束邀配。雄性的邀配行为表现不明显，有时会直接上前从后抱住雌性腰部，上抬雌性臀部试图交配，但常会遭到雌性下坐拒绝。爬跨是雄性在获得交配之前的行为表现。黑叶猴交配通常采用腹背式，雄性从雌性后面双手抱住雌性后腰或外臀；有时还会用双脚或一只脚钩住雌性脚踝处，同时阴茎勃起插入阴道。当雄性完成爬跨，两性生殖器接触，雄性用臀部做推挤动作，通常抽动 7～10 次，随即安定射精。射精后雄性阴茎仍勃起，龟头附有少量精液。雄性通常会进行多次爬跨和交配，持续时间为数秒到 20 多秒。交配完成后，雄性坐着休息，雌性较兴奋并跳跃或随即帮雄性梳理毛发（梅渠年，1998；王松，2005）。

（五）妊娠与分娩

黑叶猴妊娠期为（184±15)d。妊娠期前 3 个月，雌性食欲如常，后 3 个月进食次数增多，但每次进食少。这段时间雌性活动减少，行动较谨慎、缓慢，性情显得温顺，腹部明显增大。乳头显得更加黑而发亮，触之有硬感。在分娩前 10d 左右，雌性臀胝胝距离明显拉开，阴唇肿胀，阴道口较湿润，间有少许分泌液流出。雌性活动明显减少，多喜独自在一处休息，显得胆小怕人，并惧怕同伴的追逐干扰，进食时挑拣食物（梅渠年，1998）。

黑叶猴分娩多在夜间和凌晨。分娩当天，雌性上午常伏卧，下午更甚，但进食未见异常。雌性阴道常有少量分泌液流出。即将分娩时，雌性约有 1.5h 极为不安，在休息台上重复拱背，叉开两后肢，伏卧，并不断变换各种姿势和位置；阴道不断流出少量分泌液。然后雌性抓紧休息台，用力向上起身，两条小腿向下用力蹬紧休息台平面，全身使足力气。分娩时首先溢出水囊，随即见到幼仔的额头和面部。此时雌性用手反复摸水囊和舔食粘在手上的分泌液。4min 后才再次使劲，产出幼仔前身。雌性反复舔食羊水后立即吞食胎衣。又过 4min 后幼仔后肢和尾部尚未产出，但幼仔已能用前肢抓抱雌性。雌性舔舐幼仔头面部时，幼仔能睁开眼睛。再过 2min 后，幼仔后肢和尾部全部产出。此后，雌性反复舔舐怀抱着的幼仔和粘在自己身上的羊水。再过 7min 后胎盘排出，雌性立即吞食胎盘（梅渠年，1998）。

在圈养条件下，黑叶猴的繁殖没有严格的季节性，全年各个月份均有幼仔出生。其中，1、5、8、11 月幼仔出生最多（梅渠年，1998）（表 1-8）。而在自然环境下，黑叶猴产仔表现出明显的季节性。在麻阳河国家级自然保护区，黑叶猴出生集中在 1—6 月，其中，2—4 月出生的幼仔占全年出生幼仔的85％，3 月出生的幼仔最多，占 40％；7—12 月没有幼仔出生（吴安康等，2006）（图 1-2）。

表 1-8　1977—1995 年黑叶猴幼仔出生的月份分布

月份	性别	个体数（只）	合计	百分比（％）
1	♂	8	16	10.7
	♀	8		
2	♂	6	11	7.4
	♀	5		
3	♂	4	8	5.4
	♀	4		
4	♂	8	12	4.7
	♀	4		
5	♂	7	16	10.7
	♀	9		

（续）

月份	性别	个体数（只）	合计	百分比（%）
6	♂	8	14	9.4
	♀	6		
7	♂	4	14	9.4
	♀	10		
8	♂	8	16	10.7
	♀	8		
9	♂	5	12	8.1
	♀	7		
10	♂	6	9	6
	♀	3		
11	♂	3	15	10.1
	♀	12		
12	♂	7	11	7.4
	♀	4		
合计	♂	69	149	46.3
	♀	80		53.7

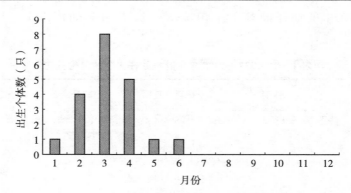

图 1-2　1999—2005 年麻阳河保护区野生黑叶猴出生月份分布

（六）性激素变化

　　动物繁殖行为是其内在生殖功能的外在表现，内分泌系统是动物体内调控生殖功能的重要系统之一，其调控作用主要是通过性腺分泌的性腺激素来实现的。妊娠前期，雌性黑叶猴尿液中雌二醇水平逐渐上升，但孕酮仍维持在基础水平。妊娠中期，孕酮才逐渐上升。在受孕前，孕酮与雌二醇均由卵巢分泌，而在妊娠期，雌激素的主要来源是胎儿-胎盘单位。在妊娠 6 周前，雌二醇还是由卵巢分泌，但自第 7 周开始，这一过程已转移到胎盘，且雌二醇水平很快上升。进入妊娠期，胎盘开始逐渐替代卵巢分泌性激素。妊娠中期，在卵巢和胎盘的双重作用下，性腺激素迅速增加，达到高峰。妊娠后期母体的卵巢黄体退化，由胎盘替代卵巢分泌激素，激素水平有所下降。妊娠结束后，随着胎盘排出，两种激素水平降到低于放射免疫法的检测灵敏度以下（王松等，2006）。

受精前后雌性个体尿液中的雌二醇水平有显著差异。以受精前的雌二醇高峰为第 0 天，第 14 天时，与未受精月经周期中同一时期相比，雌二醇水平显著上升。受精后，雌二醇水平的变化情况与未受精的月经周期有显著差异。利用这一特性，可以根据尿液中雌二醇的水平来诊断妊娠，估计大致的受精日期，进而预测分娩日期。为保证预测结果的准确性，必须多次、连续地收集尿样（王松等，2006）。

九、 黑叶猴的行为学

（一）活动节律

在贵州麻阳河国家级自然保护区，黑叶猴白天的活动时间为 11～13h。猴群每天早出晚归，一般在早上日出前 20min 出洞，上午 10：00 以前为觅食时间，中午稍加休息，下午 3：00—5：00 进入下一个觅食时间，晚上日落后 20min 进洞（李明晶，1995）。在广西扶绥珍贵动物保护区，黑叶猴在 5：30—7：00 离开夜宿地，出洞时间因季节而变化，总的来说夏季的出洞时间早于冬季；猴群在 8：00 进入早上的觅食高峰，随后觅食活动逐渐减少；中午进行长时间的休息，在炎热的夏季，常常隐藏在树林下，而在冬季，则喜欢或坐或躺在岩石上晒太阳；到 17：00 时进入下午的觅食高峰，直到日落；猴群在 18：00—19：30 进入夜宿地，且夏季的入宿时间要晚于冬季（周岐海等，2007）。

生活在喀斯特石山生境的黑叶猴，其活动时间大部分用于休息，移动和觅食时间所占的比例较小。在广西弄岗地区，黑叶猴每月平均花费 51.5% 的时间用于休息，17.3% 的时间用于移动，23.1% 的时间用于觅食，2.0% 的时间用于理毛，5.5% 的时间用于玩耍，0.6% 的时间用于其他活动。旱季中，该生境内的黑叶猴用于觅食的时间明显多于雨季（Zhou 等，2007）。在广西扶绥地区，黑叶猴日活动时间分配中，65.4%的时间用于休息，9.9%的时间用于移动，19.6%的时间用于觅食，5.1%的时间用于社会活动（周岐海等，2007）。在贵州麻阳河地区，黑叶猴一年中用于休息的时间占日活动时间的63.8%，用于觅食的时间占22.0%，用于移动的时间占12.3%，用于其他活动（如玩耍、理毛）的时间仅占1.9%（罗阳等，2005）。黑叶猴成年猴与未成年猴（包括少年组和幼年组）的活动时间分配有明显的差异。成年猴花费更多的时间休息、觅食和理毛，而未成年猴则花费更多的时间玩耍（Zhou等，2007）。

（二）摄食行为

黑叶猴的摄食行为模式主要有三种：握扯式、持嚼式和折枝式。握扯式一般为一前肢握持枝条下端，另一前肢掌部握枝叶下部并往前端扯落树叶，往口里送食，遗弃叶柄和剩余叶片。持嚼式是用前肢牵住叶的端部或抓持枝的下端，举到嘴边仅咬食部分叶片。折枝式指用前肢折断枝条后异地摄食。由于没有颊囊，黑叶猴在下一次摄取食物之前必须完全咀嚼上次摄取的食物。

黑叶猴主要以叶、花和果为食。在广西弄岗国家级自然保护区，黑叶猴共采食90种植物（61种乔木、24种藤本植物、4种草本和1种寄生植物），采食植物部位包括38.9%的嫩叶、13.9%的成熟叶、17.2%的果实、14.2%的种子、7.5%的花和8.3%的其他部位（Zhou等，2006）。在广西南部的扶绥珍贵动物保护区，黑叶猴采食36种植物，包括8种乔木、16种灌木、10种藤本和2种草本。采食的植物部位包括树叶、嫩枝、花和果实，其中，树叶在食物中占大部分（Huang等，2008）。在贵州麻阳河地区，黑叶猴采食35科共103种植物，采食植物部位包括芽、嫩叶、嫩枝、花、果实、种子、块茎、块根，并记录到猴群在夏季大量采食农作物。

黑叶猴的食物组成表现出明显的季节性变化。在贵州麻阳河地区，黑叶猴春季（22种）和秋季（20种）采食的植物种类明显多于夏季（13种）和冬季（11种）。在春季，黑叶猴的食物以植物的芽和嫩叶为主；在夏季，以玉米的果实为主要食物；在秋季，果实在食物组成中占很大的比重；在冬季，果实和叶在食物中的比例相同（罗杨等，2000）。而在广西南部扶绥珍贵动物保护区，冬季里黑叶猴采食的种类（29种）明显多于春季（16种）和夏季（14种）。春、夏两季树叶在食物中所占的比例要高于秋冬季，而果实的采食情况正好相反，秋冬季高于春、夏两季。在广西弄岗国家级自然保护区，旱季中黑叶猴采食的植物种类和植物多样性均高于雨季；在雨季，黑叶猴采食更多的嫩叶，旱季中则采食更多的茎、种子和叶柄。

黑叶猴除了从食物中获取水分外，还通过寻找自由水来补充所需的水分。在冬、春季连续干旱时，黑叶猴在早晨常舔食露水，也会冒险下到山脚，在残留有水的石头凹陷处饮水，饮水时一只接着一只，很少同时饮水（吴名川等，1987）。而在贵州的麻阳河国家级自然保护区内，黑叶猴主要在河岸两旁的悬崖峭壁上活动，它们一般在中午和下午进洞前下到河边饮水；且饮水处周围（或两侧）多为陡峭的岩壁，河水也较深；饮水时，轮流进行，很少聚集在河边（李明晶，1995）。在野外和笼养条件下，黑叶猴时常舔食墙壁以补充矿物质需求。

（三）领域行为

领域是动物为保证其日常活动，包括觅食、繁殖、寻找隐蔽场所和育幼等，而长期占据的一定区域。与大部分疣猴亚科动物一样，黑叶猴占据较小的家域，家域范围随季节和年度变化而变化。在广西弄岗国家级自然保护区，黑叶猴占据 $28.8\sim69.3hm^2$ 的家域，且旱季的家域面积大于雨季；家域存在季节性重叠，雨季和旱季家域的重叠面积为 $26.5hm^2$，分别占雨季家域面积的 58.2% 和旱季家域面积的 47.1%（Zhou 等，2011）。在广西扶绥地区，黑叶猴占据的家域面积为 $19hm^2$（Zhou 等，2007）。在贵州麻阳河地区，黑叶猴利用的家域面积为 $56\sim119hm^2$。猴群间的家域存在重叠性，但重叠程度低于群内家域的季节性重叠。猴群的家域防御指数为 $0.63\sim0.88$，表明不存在明显的领域行为（王双玲，2008）。

与多数疣猴亚科动物一样，生活在喀斯特石山生境的黑叶猴，每天漫游较短的距离。在广西弄岗地区，黑叶猴平均日漫游距离为 $541\sim662m$，旱季平均日漫游距离明显大于雨季（Zhou 等，2011；黄中豪等，2011）。在广西扶绥地区，黑叶猴平均日漫游距离为 $438m$，旱季里，黑叶猴每月平均日漫游距离明显长于雨季。在贵州麻阳河地区，黑叶猴平均日漫游距离为 $743\sim777m$，群间日漫游方式存在显著差异（王双玲，2008）。

（四）夜宿行为

黑叶猴利用悬崖峭壁上的天然岩洞和突出平台作为夜宿地，通常 $3\sim5d$ 更换一次夜宿地。夜宿时，一般都蹲坐在岩洞中凸出的岩壁、石块上蜷缩抱头睡觉。凡是黑叶猴夜宿过的岩洞口外均有明显的排泄物痕迹，人们可以根据排泄物痕迹来判断猴群对夜宿地的利用情况（吴名川等，1987；李明晶，1995）。在广西扶绥地区，黑叶猴共利用 6 个夜宿地，均位于悬崖峭壁的中、上部。猴群不定期地重复利用这些夜宿地，其中，有 1 次连续 5d 利用同一个夜宿地，有 1 次连续利用 4d，有 5 次连续利用 3d，有 20 次连续利用 2d。猴群在进入夜宿地时，通常是成年雌性最先入洞。从第一只黑叶猴进入夜宿地到最后一只黑叶猴进入夜宿地之间的最长持续时间为 15min，最短的仅为 3min，平均为 6min（Huang 等，2004）。在广西弄岗地区，黑叶猴共利用 23 个夜宿地，所有的夜宿地均位于悬崖峭壁。其中，有 7 个夜宿地的利用频次为≥9 次，有 50%的夜宿地仅被利用 2～3 次，只有 1 个夜宿地仅被利用 1 次。猴群从第一只个体进入夜宿地到最后一只个体进入夜宿地之间的持续时间平均为（4.0±1.5）min，最短的为 3min，最长的为 6min。通常是未带幼仔的成年雌性最先进入夜宿地，接着是带幼仔的成年雌性，成年雄性最后进入夜宿地（Zhou 等，2009）。在贵州麻阳河地区，每个猴群分别利用 6～10 个夜宿地，其中，有 4 个夜宿地为两个相邻的猴群所共用。黑叶猴春、夏季入宿时间为 18：00—20：00，秋冬季为 17：00—19：00。猴群通常沿着林下灌丛向夜宿地快速移动，但偶尔也会出现在附近的林冠层。它们在进入夜宿地之前常常待在离夜宿地不到 10m 的范围内休息、理毛或觅食，这些活动通常持续 30min。随后猴群逐个进入夜宿地，整个过程平均持续 7min，时间最短的为 5min，最长的为 16min（Wang 等，2011）。

（五）社会行为

1. 冲突行为

（1）攻击行为

①追赶　该行为多发生在觅食过程中，主要是高等级（地位）的个体为了抢食物而追赶低等级（地位）的个体，这种追赶通常在高等级（地位）的个体抢到食物后终止，或者直到低等级（地位）的个体丢弃或吃完食物为止。还有一种情况是高等级的个体为了惩戒冒犯者而产生的追赶行为，这种追赶通常会导致抓打等激烈的攻击行为。

②抓打　抓打的行为模式为攻击者弹跳或猛冲过去紧紧抓住另一只个体的毛发，把对方按倒在地；或一只手抓住对方，另一只手拍打或者击打对方，再放手。开始时被抓打者常发出长时间、高频率的尖叫声，随后迅速逃跑。

③抓咬　黑叶猴个体之间的抓咬行为一般发生在等级较高的个体受到激怒

时或者阻止等级较低的个体抢其食物或占领较好位置时发生的行为。抓咬可能发生在追赶之后，也有时发生在接近的两只个体之间，是最强烈的攻击行为。争斗可引起受伤甚至死亡。通常的模式是攻击者两手紧紧抓住对方的颈部、头部或尾部，同时用嘴和锋利的犬牙咬住对方。

④威胁　威胁行为是攻击行为中的一种仪式化的行为。对立的双方全无身体接触，是程度最轻的攻击行为，不会造成身体的伤害。它的出现预示着发生更强烈的攻击行为的可能性，如被威胁者的个体表现屈服，则事件到此结束，否则可能恶化。一般的动作模式是：

A. 威胁者的头向前倾，瞪眼，眉毛上挑，嘴紧闭，两手撑地准备追赶和抓打，或者一只手撑地，另一只手举起做出准备打的姿势。

B. 通常发生在觅食过程中，等级较高的个体看到等级较低的个体（入侵者）接近食物时眼睛紧盯入侵者，嘴里发出"嚯嚯"的声音，如果入侵者仍不离开，它将快速地冲过去，入侵者随之快速地逃跑。

⑤瞪眼　瞪眼的行为表现为：额头肌肉收缩，眉毛上扬，眼睛睁大盯着另一个体，同时抬高身体向前倾作预俯冲状，该动作持续 3～5s。该行为为轻度攻击行为，起到恐吓作用，常发生在取食时其他等级较低的个体接近食物中心时，等级较高的个体就会对等级低的个体瞪眼，若被瞪者离开食物区，瞪眼行为就会停止；反之行为者就会做出更强烈的进攻行为，如追赶、咬打等。

⑥驱赶　指地位较高者猛向另外一只个体扑进，被行为者掉头就走或原地蜷缩，有时也会反抓打驱赶者以便马上逃跑。这种行为常发生在取食过程中，等级高的个体会将其他等级低的个体驱离食物区。

（2）作威行为

①抢食　指个体会抢夺另一个体的食物占为己有或者共同所有。抢食者通常为高等级的个体，所以被抢食者只能被迫屈服，要么放弃食物，要么与抢食者共同取食。

②替代　指当个体趋近另一个体时，另一个体起身离开原来位置的现象。趋近者的行为叫替代，而离开者的行为叫回避。通常趋近者为等级较高的个体，而离开者则为等级较低者。

2. 屈服行为

（1）尖叫　尖叫声是由一组长时间、高频率的"呵呵"声组成。单独的尖叫声是对攻击的反应，常常伴随着逃逸。当攻击者发出攻击时，受攻击者发出尖叫后攻击者经常会终止攻击行为，尤其在威胁和追赶等攻击行为中，被攻击者的尖叫往往会获得攻击者的停止攻击。因此尖叫一方面是对攻击的反应即惊恐，另一方面蕴涵屈服及讨好的含义。

（2）逃逸　通常是指被攻击者在受到攻击时迅速逃离攻击者的行为。这种行为是对攻击的一种直接反应，在逃逸的过程中经常会伴有尖叫声。但有时候也会是攻击者在攻击对方后怕被反击而马上逃离对方，这种行为通常发生在等级关系相差不大的个体间。

（3）回避　回避与替代是一对相对而言的行为。表现为当个体趋近另一个体时，后者避开趋近者的行为。

（4）后退、叫　是指两只面对面的个体，其中被冲突者眼睛看着发起者，并在向后退的同时伴随着叫。此行为常发生在攻击行为和作威行为之后，尤其是发生在抢食之后，被冲突者因为不甘心而不想离开原地，故而对冲突行为的发起者叫，表示自己已经屈服了，希望对方可以让自己留在原地。这是一种较为温和的屈服形式。

3. 友好与和解行为

（1）趋近　是指个体由远而近向另一个体移动的过程。趋近通常会导致挨坐或理毛等友好行为，但是有时候也会是因为想抢夺对方的食物而趋近对方。因此该行为在本书中属于一种中性的概念，是友好行为还是攻击行为应根据后续行为表现而定。

（2）理毛　理毛有两种：一种是自我理毛行为，简称自理，是指自己给自己理毛，属于非社会行为。另一种就是我们通常所说的理毛——社会行为的理毛，即两只或两只以上个体的相互理毛行为。理毛者双手分开被理毛者的毛发，不时用手指抠划其毛发裸露之处，目光紧随手的活动位置，嘴唇不时会微微张合，并不时地从分开的毛发或裸露的皮肤上拿掉一些颗粒物类的东西，常会将拿掉的东西往嘴里送并不停地咀嚼。有时也会用嘴触碰毛发来清理异物。而被理毛者往往会不时地变换姿势以便理毛者能更好地理毛。灵长类动物的相互理毛行为除了具有卫生功能外，更多表现在减缓个体间的紧张气氛或建立同盟关系等社会功能上，因此它属于友好与和解行为。

（3）挨坐　该行为表现为个体间近距离地坐在一处，伸手就可以碰到对方，或者紧挨着坐在一起，互不干扰，没有其他社会性交往动作表现。在冬季因为天气太冷的缘故，黑叶猴经常会抱坐在一起取暖。

（4）拥抱　该行为基本的动作模式为两只个体腹腹相对并紧挨，一方或双方伸出双臂抱住对方，一方的头部放在另一方的胸前或肩上，尾巴自由摆放，脸部表情放松，有时发出柔和的"哈哈"声。拥抱通常发生在以下四种情况：①发生攻击行为时或攻击后，被攻击者拥抱攻击者。这时候的拥抱是一种和解的含义。②当某一个体受惊吓或受攻击后，被另一个体拥抱，这种拥抱是一种安慰行为，具有调解的功能。③个体在理毛前拥抱对方，表示邀请对方理毛或被理毛。有时在理毛结束后也会拥抱一下，然后两只个体会挨坐或拥抱者会走开，这说明拥抱具有友好的含义。④发生在交配以后，一般由雌性向雄性发出拥抱行为（胡艳玲，2003）。

（5）离开　指两只在一起的个体中，有一只离开另一只的过程，是一个较为中性的概念。

（6）跟随　是指两只或两只以上的个体在一起挨坐或理毛等，当其中一只个体起身离开时，另外一只个体跟着前一只个体行动的过程。跟随后常会出现理毛或挨坐等行为。

（7）呈臀　是指一只个体走到另一只个体前，反向向其翘起臀部的行为。这是一种典型的礼仪行为。这种行为有邀请、邀配、和解、友好等含义。

（8）邀请　是指在理毛、拥抱、游戏之前，个体对另一个体的示意行为。邀请行为的形式是多样的，有时个体走近另一个体趴在栖架上或平台上邀请理毛，有时通过拉一拉对方的手，或拍一拍对方的身体，或在对方的身边躺下等以示邀请。

（9）张嘴露齿　这种行为的模式是把嘴张开，头稍晃动，颈肩身躯和四肢都处于正常状态。出现张嘴的一般情况为：①个体受到威胁时受威胁者向威胁者发出。此为屈服的表现，是示好行为。②等级较低的个体受到攻击后，受攻击者对攻击者张嘴，以此示好。③有时也通过张嘴来发出邀请。张嘴有时也表示威胁行为，但表情动作差别较大。张嘴是否作为友好行为应依据表情来判断。

（10）抱腰　其基本的动作模式为：个体坐着不动，另一个体从身后抱住前者的腰，有时还往怀里拉几下，也有时用整个头部在前者的背部蹭几下。此时双方的面部表情都是放松的。抱腰通常发生在等级相近且关系密切的个体之间，抱腰行为的发出者没有等级差异。

在黑叶猴的社会行为类型中，除去繁殖行为、育幼行为等其他行为外，友好与和解行为所发生的频次是最多的（84.5%～92.6%），而发生冲突行为的频次则是最少的（3.2%～7.2%）。这说明黑叶猴个体间主要以友好与和解行为为主，发生冲突行为的比例不高，其群体为友好型的社会群体（王宏，2009）。

在友好与和解行为中，相互理毛行为所占比例是最大的，所占比例为24.2%～37.9%（王宏，2009）。相互理毛行为主要发生在无法进行自我理毛的部位，易于进行自我理毛的部位得到相对较少的相互理毛。相互理毛行为主要由理毛者发起和结束。在不同的性别年龄组中，相互理毛行为主要发生在成年雌性个体之间。虽然相互理毛行为受到社会等级的影响，但等级最高的个体并非最具吸引力的理毛伙伴，发生在等级低的个体间的相互理毛行为明显多于发生在它们与等级高的个体间的理毛行为（周岐海等，2006）。

黑叶猴的雌性个体与雄性个体的体型大小没有明显的差异，但是因为二者职责的不同，在个体发育为成体后，雄性个体更具有攻击性。由于雄性个体具有强的攻击性，所以在黑叶猴群体中，雄性个体的等级是最高的，并且常单独活动。在双亲投入不均等的情况下，从妊娠开始到哺育幼仔长大，以及训练幼仔的生活技巧等均由雌性个体单独完成，雄性个体很少帮助雌体，也很少接触幼仔，因此雌性个体间需要相互帮助养育幼仔，所以雌性个体间的冲突行为也较少（王宏，2009）。

4. 拟母亲行为

黑叶猴的拟母亲行为主要有五种行为模式。

（1）怀抱　是指雌性个体双手或单手抱起某幼仔放在怀里或两膝间，静坐或上下翻动幼仔；此时幼仔常会呼叫，幼仔的母亲会过来把幼仔抱走。

（2）携带　是指幼仔双手抱住雌性个体的两肋并挂在其胸前，雌性个体单手抱幼仔并在笼内走动或跳跃。

（3）接近　是指成年雌性由远及近地走过来坐在幼仔的旁边。

（4）理毛　是指成年雌性个体用手指或手掌来分开和梳理幼仔的毛发，并不时地从分开的毛发或露出的皮肤上捡出一些小颗粒放入嘴里咀嚼。

（5）吻婴　是指成年雌性个体抱起幼仔亲吻其头部、尾部、身体或生殖器等部位。

这五种行为模式发生的频率从高到低依次分别为接近46.19%、怀抱和携带24.14%、吻婴20.36%、理毛9.31%（胡艳玲等，2005）。

5. 玩耍行为

玩耍一般分为三种基本类型：运动性玩耍、物品性玩耍和社会性玩耍。运动性玩耍是由一些剧烈的身体活动组成，如奔跑、摇头、扭动身体等行为。物品性玩耍包括对幼仔环境中的事物进行反复操作。社会性玩耍是个体间的互动玩耍，包括两只或多只个体，每只个体的动作要适应对方，其反应受到对方活动的影响。社会性玩耍的一般形式包括打斗玩耍、逃跑玩耍、追逐玩耍。其中，具有多种竞争作用的打斗玩耍又是最常见的社会性玩耍类型。在圈养状态下，黑叶猴幼仔打斗玩耍和追逐玩耍分别占总玩耍时间的 19.02％和 14.37％；运动性玩耍和物品性玩耍分别占总玩耍时间的 38.23％和 28.38％。雄性幼仔用于玩耍的时间明显多于雌性幼仔（江峡，2010）。

第二部分
黑叶猴的动物园管理

一、 黑叶猴的笼舍

（一）围挡隔离

所有动物展区内的设施必须保证人与动物的安全，特别是动物分配通道、动物进出门、保育员进出门、大门、锁具以及隔障等。各种锁具是防止动物逃逸的必备用具，但门闩的作用也不可忽视，两者结合能更好地减少黑叶猴逃逸机会。

不同类型的隔障如笼网、玻璃、壕沟等均可用于防止黑叶猴逃逸。根据黑叶猴的身体结构和生长发育情况，黑叶猴笼网的网孔大小不应超过 7cm×7cm；群体中如有幼仔或亚成体猴，网孔的大小不应超过 5cm×5cm，以防动物钻出笼网或头部伸出后被卡住。所用笼网应具有较高强度和韧度，以便能承受黑叶猴的攀爬、踢踹等行为。

黑叶猴生活在喀斯特石山环境中，擅长攀岩跳跃，能在下落的时候跨越10m 以上的垂直距离，但是水平方向的最大跳跃距离尚无定论，其最大横向逃逸距离也就无法确定，因此黑叶猴展区的隔障不推荐使用壕沟。如确定使用壕沟作为隔障，为了防止黑叶猴从展区的某点助跑起跳而逃逸到动物展区隔障外，无论黑叶猴是否为水平起跳，壕沟宽度都应在 5m 以上。"护城河"式湿壕沟也不推荐使用，因为黑叶猴可能会在群内攻击等应激状态下跳到水中溺亡。黑叶猴非常擅长攀岩，所以干壕沟的使用也要非常谨慎，不论是陷阱深坑式壕沟还是渐进下沉式壕沟均有待验证，其深度应根据展区的设计和设施的布置而定。此外，对于没有提供助跑弹跳条件的展区而言，干壕沟要有 3m 以上的深度，并要保证外墙内侧垂直且表面足够光滑，以避免黑叶猴攀爬逃逸。不推荐使用电网等隔离黑叶猴，这些材料可能会导致黑叶猴被缠绕、电击等意外事故。

因黑叶猴的消化道结构特殊，游客投喂会损害黑叶猴的健康甚至威胁其生命安全，所以应做好防投喂措施。为避免游客在展区直接接触黑叶猴，可使用绿化隔离带或护栏，隔离距离根据黑叶猴展区网孔的大小或黑叶猴手臂穿越网孔的距离而定，建议隔离距离保持在 1.5m 以上。黑叶猴不仅会接取、捡拾游客投喂的食物，还会将掉落在顶网的物体用手指取出，因此建议展示面及靠近展示面顶网的围网孔径尽可能小，以避免游客投喂的食物和异物进入展区。但小孔径的围网会降低展示效果，因此展示面的隔障推荐使用上有廊檐的玻璃幕墙（彩图 4），这样不仅可以最大限度地减少游客的投喂行为，还可减轻反光以优化展示效果，玻璃幕墙下方的通风孔/窗也要做好防投喂措施，推荐使用百叶窗式通风孔，内用小孔径钢网防护。

相邻笼舍的成年雄性黑叶猴经常出现争斗行为，并可咬伤对方伸进网孔的手指。因此建议相邻笼舍之间保持一定的间距（距离根据网孔的大小或黑叶猴手臂穿越网孔的距离而定，采用孔径<1cm 的围网时也建议间隔 10cm 以上），或采用实墙隔离等方式来阻止黑叶猴隔笼争斗。但应至少保留一个相互连接的拉闸门或分配通道，用于必要时转移黑叶猴。

雄性黑叶猴会通过跳跃和大力踢蹬来发出较大的响声，以此宣示自己的领地，因此所用的围网、玻璃幕墙、门、实墙等设施的材料应具有一定的强度，要求能够承受雄性黑叶猴体重 4 倍的冲击力。

（二）垫料

灵长类动物首选自然垫料。自然垫料能提供黑叶猴多种行为的表达机会，并可为成年和幼年黑叶猴从高处失足落下或故意跳下时提供保护。黑叶猴适用的垫料包括：自然泥土地面、草地、落叶堆等，使用干草、刨花等灵长类动物通用的垫料时，应注意观察以避免黑叶猴因误食（尤其是幼年、青少年个体）而导致肠梗阻。对自然材质的垫料进行消毒较困难，所以建议定期为黑叶猴做预防性驱虫，有利于减少其感染鞭虫的机会。

（三）设施与维护

展区的建设要考虑黑叶猴的群体关系、每一只个体的动物福利、群体规模以及相关的保障区域如外展区、内舍、动物医疗区和检疫区。

黑叶猴是群居动物，动物外展区的设计必须充分考虑多方面的因素，应尽可能展示黑叶猴原栖息地的环境，同时容纳足够多的黑叶猴个体，以满足其在心理、生理、行为和社会等方面的需求。

黑叶猴是典型的树栖动物，擅长跨行和跳跃，能够在树与树之间长距离跳跃和垂直下降，主雄猴会通过惊人的跳跃来宣示其主权。它们能充分利用栖息区的每个空间，并喜欢待在高处。设计展区和安置区时需要考虑硬性和柔性的行走位点和高处栖架。硬性位点如混凝土假树。柔性位点如绳索、真树、枯木等在动物运动时能吸收震动以减缓冲击力。应把不同的设施分散布置，相互结合，处于不同的高度，以便黑叶猴表达自然跳跃行为。如果设施布置合理，黑叶猴会充分利用展区的立体空间，尽情攀爬、跑动和穿行。

黑叶猴在野外栖息于喀斯特石山环境，可在陡峭的岩壁上攀爬，并于岩石上的树木间跳跃，可将悬崖峭壁上的天然岩洞和突出平台作为夜宿地，平衡能力非常强，因此可以在展区设置高低起伏的假山，模拟野外环境，结合假树、绳索等，更好地展示其自然行为（彩图5）。

作为高度聚集的社会性群体，黑叶猴会通过大量的理毛行为来加强社会内部的关系，因此应提供多个高度不等的休息平台供不同等级的个体离地休息。对于展示大群黑叶猴的动物园，建议设置至少一个较大的休息平台供4~5只黑叶猴紧密地坐在一起。黑叶猴冬季喜欢晒太阳，夏季喜欢躲避在树荫或石台下，因此，除了应设置针对恶劣天气的庇护区外，还应提供一系列可以遮阳挡雨的高架平台。

黑叶猴不是巢栖动物，所以不需巢材来休息和睡眠。其偶尔躺下睡眠，但更多是在休息平台上紧挨着其他个体坐着睡眠。

内舍是指动物夜晚栖息的笼舍、兽舍或在非主要时间栖息的地方。这些区域也可用于动物的日常转换或临时安置，并提供在主展区维修时动物的临时居所，应能容纳群体内所有黑叶猴。建议每个外展区至少要有1个这样的内舍。每个内舍的容积至少为15m³，高2.5m。内舍的设计应有一定的灵活性，应满足以下要求：

➢ 有足够的空间容纳不同的群体构成，包括整群、子群或单只个体。

➢ 各个内舍之间的黑叶猴能相互看到，以便暂时隔离（如治疗等）个体的引入与重引入。

➢ 各内舍之间以及内舍与外展区之间，应有一个以上的出入口或通道，以减少一只个体阻挡另一只个体活动的机会。

➢ 内舍应与外展区一样，设置动物休息、栖息的设施，以及便于将个体分开的隔离门，并建议准备好挤压笼和磅秤等动物管理工具。

黑叶猴是树栖物种，喜在高处活动，很少下到地面。因此，应将转换门、动物进出门等动物通道门设置于高处以便操作，同时挤压笼、箱和磅秤等也建议设置在高处。

如果条件允许，建议将内舍的设施和空中通道设置为可调整的形式，如通过绳子或消防水管的多点连接，使进入外展区的通道灵活多变。

作为社会性群居动物，黑叶猴群体内可能不时会出现争斗行为，此时可使用木箱、树枝、麻袋或硬纸板等创造临时的视觉隔障，以便低等级个体有合适的躲避空间。建议每间内舍有 2 个以上的木箱，除了有视觉隔障的作用外，还可用做类似野外夜宿地洞穴的休息处，并在冬季起到一定的保温作用。

（四）环境

1. 温度

黑叶猴的自然分布区为广西、贵州、越南等地的喀斯特石山地区，并将石山崖壁上的石洞、平台等作为夜宿地。其中广西弄岗国家级自然保护区的最低气温为 3.8℃，最高达 36.3℃（唐华兴，2008），冬季夜间黑叶猴会在温暖背风的石洞内休息，正午阳光较好时会进行日光浴；夏季天气炎热的正午多躲在树荫下（比环境温度低 6.7℃）（黄乘明，2002，2006）。圈养条件下可设置不同的温度梯度，最佳温度范围为 12～30℃，建议制造和缓的温度梯度，以便黑叶猴能自由选择合适的温度环境。最低和最高温度随展区的设计、个体的年龄和耐受程度而不同。例如，7℃对于北方动物园来说也许不是很低，但对于湿冷的南方动物园来说已是很低的温度，这取决于动物园的分布地区。温度高于 30℃时，应启用遮阳设施、遮蔽所、风扇、喷雾器、空气冷却设施等防暑降温。黑叶猴是树栖动物，遮阳设施应当位于高处，且能供多只黑叶猴坐在一起利用。展区应设置多个遮阳区并分散于多个地点，以使等级较低的黑叶猴也能利用遮阳设施。遮阳设施可以是自然的树木、遮阳网或建筑物的房檐，也可以是内舍。喷雾器和空气冷却设施应设置在较高的位置，且应安装在黑叶猴经常栖息的区域（如房舍、树木）附近，使其能发挥作用。温度低于 12℃时，应采取封闭门窗（可保留部分背风窗以保证通风）、根据个体健康情况开启保温灯等措施。温度低于 8℃时，应启用电热油汀、地暖等取暖设备。内舍和外展区均应有木箱等供黑叶猴避风，并有平台等设施供多只个体拥抱在一起取暖。开启取暖设备后，应注意内舍和外展区的温差，白天将黑叶猴外放之前，应通过关闭取暖设备或调低取暖设备的温度来逐渐降低室温。建议等内外环境温差小于 6℃之后再开启外放通道，并保持通道门开放以便黑叶猴自由进出。要密切观察黑叶猴中暑或体温过低的症状。中暑的症状包括张口喘气、极度不愿活动，甚至失去平衡。体温过低的症状为颤抖、蜷缩等。

2. 湿度

黑叶猴对于高温高湿较敏感，因此高温高湿的夏季需要监测其中暑症状。湿度过低也会影响黑叶猴的皮肤和毛发状态，因此没有专业的湿度控制设施时，需要留意低湿度对于黑叶猴个体的毛发或皮肤的影响。黑叶猴的最适湿度是 $60\% \sim 75\%$。

3. 光线

黑叶猴应当每天在外展区充分接触自然光，或通过窗户等接触紫外光谱，如果不能接触自然光，应提供全光谱灯等以防黑叶猴在发育过程中出现维生素 D 缺乏症。例如，冬季黑叶猴需要长期待在封闭展区，此时建议采用 12h 的光照循环模拟自然环境，如果工作时区内无法控制灯光的开关，可以使用定时控制器。自然光或模拟自然光的灯光必须常年提供，且保证在工作时区内每只黑叶猴都能被光线照射，包括在栖息区内。

4. 声音和震动

黑叶猴属于应激性较大的敏感动物，当建设黑叶猴展区时，应考虑持续且较大的噪声对黑叶猴的影响。为了减少噪声对黑叶猴的伤害，可以考虑远离持续或较大的声源，或者建造某些设施屏蔽或抑制噪声的传播。否则，必须由黑叶猴熟悉的保育员对个体应激症状进行长期和持续的监测。每只个体应激时所表现的症状是不同的。偶尔在黑叶猴的笼舍或展区播放它们已经熟悉的声音如电视或广播，可以减少噪声带来的应激。根据《动物园管理规范（2017）》，建议黑叶猴展区、饲养区的噪声控制在 60dB 以下。

5. 通风

室内空间必须是充分通风的，确保异味、氨浓度和湿气保持在最低值。通风设施可以是门窗、排气扇、风扇和空调等。

（五）空间大小

黑叶猴通常会充分利用展区的所有空间，特别是立体空间。因此对于整个展区而言，高度是空间大小的一个决定性因素。如果高度较低，就需要较宽阔的空间，但如果高度较高，则不需要较大的宽度。黑叶猴通常会在最高处躲避压力，所以饲养机构应将展区的空间高度作为一个重要的考虑因素并尽可能设计较高的高度。参考美国动物园和水族馆协会（AZA）的《疣猴饲养管理指南》，并结合部分动物园的实际工作，建议一个 1 雄 2 雌家庭的最小饲养空间是 90m³，饲养空间的最小高度为 4.5m。由于黑叶猴是高度社会化的动物，所以不建议饲养少于 2 只的个体，应保证一个家庭单位至少有 3 只黑叶猴。还应预留种群发展或物种分组混合饲养的空间。如果需要饲养较大的不断变化等级的群体或混合物种，则展区需要具有更大的空间和更大的复杂性。这些饲养空间的参数可用于室外或具有更多封闭空间的黑叶猴展区（如北方的某些动物园，一年中有多个月份黑叶猴在室内展出）。建议给黑叶猴提供尽可能多的室外空间，以保证黑叶猴可以有规律地接触自然光，这样将会大大减少它们发生维生素 D 缺乏症（软骨病）的概率。

二、 黑叶猴的营养

（一）摄食生态和胃肠道特点

高等动物由于自身不能产生纤维素消化酶，所以只能通过利用胃中共生的微生物或原生动物所产生的纤维素分解酶来实现对叶类食物的利用。灵长类动物也存在同样的情形，根据它们对食物的分解方式，主要分为原猴和新大陆猴中的后肠发酵和猴科中的前肠发酵两大类。前肠发酵是灵长类动物适应叶类食物的主要趋势。该发酵方式的显著优势是动物拥有一个囊状胃，这个发酵器官能充分消化吸收发酵后的食物，提高动物对营养物质的利用率。另外，前肠发酵的底物中具有足够的必需营养物质，可以让细菌最大限度地发挥作用。前肠发酵对次生物质的解毒作用也比后肠发酵更为有效。疣猴亚科作为典型的前肠发酵动物，比后肠发酵动物能更好地利用叶类食物。疣猴亚科动物的囊状胃是一个较完整的发酵器官，这主要表现在胃底的结构方面，同时消化系统中的其他器官也表现出明显的适应性变化。有研究表明，胃肠道黏膜中的一些细胞，如肠上皮细胞、杯状细胞等的存在和分布与食物有关，这些细胞的作用可能是：①分泌不同的酶或其他物质从而直接或间接地参与消化或解毒；②通过内分泌系统调节消化系统的生理机能（叶智彰等，1993）。

黑叶猴为典型的叶食性灵长类动物，是叶猴的一种，主要以树叶为食。为消化这些富含纤维素的食物，叶食性灵长类动物的消化系统发生了明显的适应性变化。它们的胃呈囊状扩大，被分成相对独立的囊状胃体和胃底，其中胃底扩大明显，形成胃室（图 2-1）。胃底的内表面有绒毛状的胃黏膜上皮乳突结构，并覆盖一层含大量酸性黏液性分泌物的细胞。这些特征使得叶猴的胃成为较为完善的发酵器官，共生着能分解纤维素的细菌，纤维素经微生物发酵后分解，生成单糖、脂肪酸等可被直接吸收的营养物质（叶智彰等，1993）。除囊状胃之外，叶猴消化系统的其他器官也表现出明显的适应性变化，如具有高齿尖、锋利的臼齿，便于切断和磨碎粗的多纤维食物（Lucas 和 Teaford，1994）。由于叶类食物的营养成分含量较低，黑叶猴必须摄取大量的食物才能满足其能量的需求，有时胃内容物可达体重的 10%～20%，甚至 30%。因此，胃内大量食物的储存就要求有较强的连接结构，以将胃固定于一定的位置。也由于胃的扩大，一些脏器受到挤压，位置发生改变，如肝位于胃的左后下部，类似的情况也发现于其他疣猴亚科动物中。叶猴的食道——贲门连接处的食道黏膜伸入胃内，食道的黏膜上皮由复层扁平上皮组成，具有较强的抗机械损伤能力。这种上皮在胃贲门处的存在表明此处有较强的摩擦作用，与食物的粗糙程度明显有关。叶猴的胃底部或胃室部分布有与猕猴、懒猴、白眉长臂猿等灵长类不同的黏膜。此种黏膜似乎有利于胃底部进一步区域化，使微生物群落具有最适宜的微环境。这种黏膜结构，除可提供微环境外，还有利于可利用小分子物质的吸收。叶猴的胃黏膜在贲门处有复层上皮，在胃底部有大量黏液细胞，这与其反刍动物型消化有关（叶智彰等，1993）。

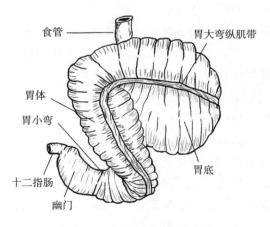

图 2-1　黑叶猴胃的示意图

关于疣猴亚科动物的"食土行为"已在黑白疣猴、栗色叶猴、约翰叶猴、长尾叶猴和紫面叶猴等多种动物中有发现。黑叶猴也有类似的现象，如在野外舔舐裸露的岩壁、在笼养条件下舔舐笼舍的墙壁。对"食土行为"有 3 种解释：①获得身体所需的盐和矿物质，如 Ca、Mg 及微量元素；②缓冲前胃中的 pH，即采食的泥土有助于吸收脂肪酸等有机物，从而防止因胃液过度酸化而影响微生物的发酵过程；③吸附毒素等（叶智彰等，1993；黄乘明等，2018）。

很多植物含有大量的单宁，许多灵长类动物不能利用单宁作为食物，但疣猴亚科动物则相反，这与其胃的复杂结构及共生的细菌有关，它们可以通过细菌的发酵使单宁失去活性。长尾叶猴摄食的某种果实中含有有毒的生物碱（马钱子碱），马钱子碱能杀死猕猴，但对长尾叶猴却无影响。黑叶猴也喜欢吃有毒植物的叶片，如草乌。除蛋白质、鞣酸和纤维等普通成分外，毒素可影响食物选择，特别是果皮中的杆菌素树脂可影响疣猴亚科动物前胃的细菌群落。这些情况表明，疣猴亚科动物前胃中的微生物区系能忍受或分解生物碱。

以上研究表明，疣猴亚科动物胃肠道结构和它的微生物区系与次级化合物的毒性降解作用及"食土行为"有密切关系（叶智彰等，1993）。

黑叶猴喜欢取食单宁含量高的植物类型，具体表现在：①黑叶猴对某些高单宁含量的植物如细叶楷木表现出了较强的偏好；②在摄食部位的选择中也偏向于单宁含量较高的嫩叶部分；③在不同的生活型植物（乔木、灌木、藤木、草本）中，选择单宁含量较高的灌木类型（李友邦，2008）。与其他食草类动物一样，黑叶猴大而复杂的胃有助于分解植物的次级代谢产物（叶智彰，1993；Waterman 和 Kool，1994）。这可以解释植物中的单宁含量对黑叶猴的取食没有不利影响的结果。除此之外，黑叶猴对高单宁含量植物的选择似乎说明了单宁对黑叶猴的重要性。因此，很可能单宁物质是黑叶猴食物中必不可少的成分。但目前的研究仍无法给出满意的结论，因此，单宁物质对黑叶猴的影响还有待进一步的研究（李友邦，2008）。

在广西弄岗国家级自然保护区，黑叶猴的食物组成中，树叶占总觅食记录的71%，其中嫩叶占46.9%，成熟叶占24.1%；果实、花和种子分别占13.2%、6.3%和4.3%；其他食物类型占5.2%，分别为茎1.8%、叶柄1.1%、未知部位2.3%（黄中豪，2010）。而且，黑叶猴绝大部分进食的是未成熟状态的果实，这与其他疣猴亚科动物的食性一致。

在疣猴和叶猴中，胃内的 pH 为 5.0～6.7，容许大量厌氧细菌的积极发酵。发酵产物的浓度和特性类似于反刍动物胃内发酵的最终产物——挥发性短链脂肪酸。由于食叶灵长类动物的前胃在发酵果实糖分的过程中，产生的乳酸副产物会使前胃的 pH 降低，从而对前肠中的微生物区系产生明显的毒害作用，因此，这类动物在觅食的过程中往往会避免取食过量的富含糖类的果实，且必须取食较大比例的叶子来维持前肠的消化环境，以保证消化道中消化功能的正常发挥（Waterman 等，1988）。在黑叶猴的早期饲养中，因饲料配比问题导致的胃扩张致死案例占很大比例，时至今日，胃扩张等消化系统疾病仍较常见。近年来，部分动物园对饲料结构进行了调整，提高了树叶的饲喂量，并严格控制水果和精饲料的摄入量，使胃扩张等病例很少发生。

（二）基础日粮

根据叶猴的消化生理特性和自然食性来制定日粮方案的关键是：①创造与黑叶猴栖息地相近的环境条件，让它们能顺利适应；②配制满足黑叶猴生长发育及繁殖所需，且适合其消化生理特性的全价配合饲料。

1. 能量

动物需要能量用于基础代谢。基础代谢包括在静止、无压力、不消化食物的热中性（动物无颤动或特殊活动以保持体温）环境中的细胞活动、呼吸、血液流动。基础代谢的能量消耗与体表面积有关，目前公认的基础代谢率计算公式为 $BMR=70BW_{kg}^{0.75}$（BW 为体重）。黑叶猴的能量代谢尚无相关研究，但可以借鉴疣猴，Muller（1983）认为一只疣猴的基础代谢率（BMR）为 $59.5BW^{0.75}$；而一只中等体型哺乳动物维持基础代谢率的能量需求一般为 $2\times BMR$。因此，Muller（1983）应用该因子，提出了一只疣猴维持基础代谢的能量需求为 $119BW^{0.75}$。动物园疣猴维持基础代谢的能量需求为 $96\sim125BW^{0.75}$。对黑叶猴来说，为了计算其他能量需求，有必要根据个体的身体状况、体型、食物供给等调整日粮的能量水平。

2. 蛋白质

因与反刍动物具有类似的消化道结构和特点，故可以推测黑叶猴以与反刍动物类似的方式利用蛋白质，即通过氮循环和微生物合成利用叶类食物中的蛋白质，以满足黑叶猴对蛋白质的需求。在未成熟的树叶中，蛋白质的浓度通常最高。

3. 碳水化合物

植物细胞壁的结构性多糖是最丰富的碳水化合物来源，但一般不能直接为高等动物所利用。结构性多糖主要由纤维素、半纤维素和果胶组成。但在反刍动物和具反刍样复杂胃室的灵长类动物如疣猴亚科动物中，因其胃肠中的大量微生物能分泌分解纤维素的酶，所以它们能很好地利用植物的结构性多糖——粗纤维。而且结构性多糖存在的数量直接影响此类动物消化生理的正常进行（叶智彰等，1993）。

4. 油脂

油脂主要来自植物的种子和油料果实，可为灵长类动物的生长发育提供必要的脂肪酸，促进脂溶性维生素的吸收，对生殖等生理功能的调节至关重要。

5. 常量和微量元素

树叶中的矿物元素浓度最高，其次是树皮，根部最低。在未成熟树叶中，P、Mg、K 的含量最高。开始衰老的树叶中，Ca 和 Mg 的含量增加，其他矿物元素则趋于减少。Ca 在新鲜果实中的含量较低。Cu 和 Zn 在多数植物中含量不足（叶智彰等，1993）。Liu 等（2020）的研究指出，黑叶猴的血钙浓度显著高于人和猕猴，并通过比较基因组及其功能验证分析，证明石山叶猴钙离子电压门控通道基因突变能够显著阻碍细胞外钙离子的进入，使细胞内钙浓度保持在相对较低的水平，有效维持细胞内环境的稳定，提高石山叶猴对喀斯特石山高钙环境的适应性。笼养环境下黑叶猴常见舔墙壁行为，因此钙的补充剂量可能要高于其他灵长类动物，盐砖对于补充矿物元素可能是非常必要的。

6. 维生素

灵长类动物特别是疣猴亚科动物可从胃肠道微生物的合成中获取维生素 B_{12}，疣猴与其他非前肠发酵灵长类动物相比，具有更高的血浆维生素 B_{12} 水平（叶智彰等，1993）。叶猴乳汁中的维生素 D 含量未知，但为了避免患佝偻病，应每天保证日照或紫外线照射时间不小于 2h，如果无法接触日照或紫外线照射，则需要在日粮中补充维生素 D。关于黑叶猴的维生素 D 适宜补充剂量尚未研究，可参考人类出生幼儿的每天补充量（400IU）。按人类出生幼儿平均体重为 2.7～3.6kg 计算，则对于体重 500g 的非人灵长类动物的推荐补充量为 63IU/d 或 400IU/周（AZA，2012）。

7. 日粮组成

黑叶猴的日粮组成主要包括树叶、果蔬、精饲料三大类。在人工饲养条件下，黑叶猴的饲料应与野生状态相似，以树叶为主，水果和精饲料为辅，并保证树叶的摄入量占总摄入量的 50% 以上。水果应尽可能选择未成熟果实。南方动物园可利用自身地理优势，结合黑叶猴的自然习性，尽量提供足量的鲜树叶。北方动物园因自然条件所限，冬季一般采用常绿树种的树叶或蔬菜等替代。

（1）树叶 应先鉴定其安全性，可参考黑叶猴在野外采食的植物种类，并鉴别植物是否经过化学药剂处理或产地周围是否有污染。展区内外黑叶猴可接触到的植物，也要确认其安全性。经检验可用于饲喂黑叶猴的植物有山指甲（小蜡）、小叶女贞、女贞、构树、榕树、朱槿、银合欢、牵牛、鸡屎藤、火炭母、羊蹄甲、朴树、桑树、榆树、柳树、杨树、卫矛等。

（2）果蔬　应尽量选用高纤维、低淀粉、含糖量低的品种。市场上销售的水果大都含有易发酵的可溶性糖，可能造成前肠发酵的叶食性灵长类动物消化不良，且水果和根茎类蔬菜会导致挥发性脂肪酸的快速生成，造成胃部 pH 偏低，导致酸中毒。一般来说，黑叶猴在野外采食的果实、种子和树叶中的纤维含量明显高于市场所售果蔬的纤维含量。

（3）精饲料　主要提供碳水化合物和一部分蛋白质，为日粮重要的能量和矿物质来源，特殊情况下，可混入需要添加的复合维生素和药物。精饲料一般为自制的混合粉料窝头或高纤维灵长类动物饼干（至少含有 15％酸性洗涤纤维）。

（4）籽实类　这类食物含有丰富的油脂、蛋白质以及维生素 E 等物质，对于保证动物的生长发育和繁殖是非常重要的，并能作为非常好的食物丰容的原材料。建议每周饲喂 1～2 次。

（5）添加剂　一般不用作常规饲料，可在某一特殊时期添加，如妊娠期、哺乳期、幼仔发育期等。常见的添加剂为钙粉、鱼肝油和多维粉剂等。黑叶猴在野外有舔舐岩壁的行为，一般认为与补充矿物质有关，因此在圈养环境下，可提供盐砖供其自由舔食。笼养环境下黑叶猴的活动空间有限，常因运动不足而引起肠梗阻等病症，所以为促进黑叶猴对纤维素的消化，推荐每天在其日常食物中添加少许纤维素酶。

在饲料配方上应坚持四项原则：①保证饲料种类的多样性；②尽量避免配用脂肪含量高的饲料；③保证饲料中含有足量的粗纤维，控制水果和精饲料等可溶性糖含量高的饲料的饲喂量；④保证饲料中含有黑叶猴机体所需的微量元素和各种维生素。

贵阳黔灵山公园每只成年黑叶猴一天的喂食量鲜湿重为 855g，实际进食量约为喂食量的 85％（何明会，1994）。贵阳黔灵山公园黑叶猴日粮配方见表 2-1；日粮中主要营养物质的含量见表 2-2。

表 2-1　贵阳黔灵山公园黑叶猴日粮配方 [g/(只·d)]

饲料名称	粑粑*	米饭	鸡蛋	苹果	香蕉	花生	女贞叶	樱桃叶	朴树叶	牛奶	合计
重量	75	75	45	150	50	20	80	280	40	40	855

注：*粑粑成分：面粉 55.99％，玉米粉 22.40％，豆粉 11.20％，白糖 5.60％，食盐 0.22％，骨粉 4.48％，微量元素添加剂 0.11％。

资料来源：何明会，1994。

表2-2 贵阳黔灵山公园黑叶猴日粮中粗蛋白、粗纤维和碳水化合物的含量（g）

饲料名称	粑粑	米饭	鸡蛋	苹果	香蕉	花生	女贞叶	樱桃叶	朴树叶	合计	百分比（%）
重量	75	75	45	150	50	20	80	280	40	855	
粗纤维含量	1.27	0.11	0	2.00	0.20	0.80	3.26	9.07	1.66	18.37	13.8
碳水化合物含量	23.91	20.40	0.72	15.29	5.10	5.00	0.79	1.60	0.05	72.86	54.7
粗蛋白含量	6.56	1.83	6.30	0.84	0.69	4.27	2.65	16.27	2.52	41.93	31.5

资料来源：何明会，1994。

南宁动物园的黑叶猴饲料以树叶为主，将果蔬、精饲料等饲料成分控制在每只300g/d以下，树叶足量供应（保留1m左右枝干）。其成年黑叶猴每天饲料摄入量为1 100g左右，其中树叶摄入量占比超过70%。

南宁动物园黑叶猴日粮配方见表2-3。梧州市园林动植物研究所黑叶猴日粮配方见表2-4。上海动物园成年雄性黑叶猴日粮配方见表2-5。

表2-3 南宁动物园黑叶猴日粮配方［g/（只·d）］

饲料名称	少年体（1~3岁）	亚成体（3~4岁）	成年体	妊娠后期及哺乳期
香蕉	25g	50g	50g	100g
芭蕉	25g	50g	50g	100g
苹果	50g	100g	150g	200g
窝头*	15g	25g	50g	50g
时令果蔬	50g	50g	50g	100g（加木瓜）
蔬果总量（不含树叶、坚果）	165g	275g	300g	约550g
水煮花生（周三）	5g	10g	25g	25g
瓜子（周一）	10g	15g	20g	50g
树叶（带枝）	1 000~1 500g	1 000~2 000g	2 000g	2 000g
时令果蔬品种	番石榴、石榴、提子、番茄、青枣、胡萝卜、橘子、甘薯、哈密瓜、木瓜等			
树叶种类	山指甲（小蜡）、构树、榕树、朱槿、银合欢、牵牛、鸡屎藤、羊蹄甲、朴树、桑叶等			

注：＊窝头成分：玉米粉32.7%，面粉21.8%，黄豆粉19.07%，谷子粉16.35%，鱼粉4.09%，骨粉2.72%，磷钙2.72%，食盐0.27%，微量元素添加剂0.28%。

表 2-4　梧州市园林动植物研究所黑叶猴日粮配方 [g/(只·d)]

年龄	月份	树叶	混合精饲料	水果类	瓜薯类
18月龄以上	3—5 月	300	200	100	100
	6—8 月	250	150	120	120
	9—11 月	300	200	120	120
	12月至次年 2 月	350	200	120	120
8~18 月龄	3—5 月	150	100	50	50
	6—8 月	130	75	60	60
	9—11 月	150	100	60	60
	12月至次年 2 月	200	100	60	60

表 2-5　上海动物园成年雄性黑叶猴日粮配方 [g/(只·d)]

饲料种类	饲料名称	用量	
		夏季	冬季
水果类	苹果	300	300
	生梨	50	50
	香蕉	150	150
	西瓜（夏季）或橘子（冬季）	50	50
	甜瓜（夏季）或甘蔗	50	50
蔬菜类	黄瓜	50	50
	番茄	50	
	大蒜	30	
	生菜	100	100
	芹菜	30	30
	马铃薯	30	50
	胡萝卜	50	50
	洋葱		50
自制精饲料	熟鸡蛋	25	25
	窝头	100	100
草、树叶类	树叶	500	500
其他	坚果类		30

注：树叶种类：榆树、女贞、小叶女贞、桑叶、柳树、芭蕉、羊奶草、车前等。

该动物园雌性黑叶猴的饲料量为雄性的 2/3。

北方动物园受自然条件所限，四季变化明显，无法常年提供足量的鲜树叶，因此多以蔬菜替代，冬季树叶以四季常绿的女贞为主。

北京动物园的黑叶猴日粮为 300g 水果及精饲料（香蕉、苹果、木瓜、白兰瓜、胡萝卜等）、100g 蔬菜（油麦菜为主）、足量树叶（桑叶为主，榆树、构树、杨树叶为辅）。

济南市公园发展服务中心动物园成年黑叶猴日粮配方见表 2-6。

表 2-6　济南市公园发展服务中心动物园（原济南动物园）
成年黑叶猴日粮配方 [g/（只·d）]

饲料名称	雌性黑叶猴	雄性黑叶猴	备注
灵长类窝头	40	60	
熟鸡蛋	60	60	1 个
钙奶饼干	10	10	
奶粉	15	15	
苹果	100	150	
梨	65	100	
香蕉	80	120	
橘子/橙子	100	150	
西瓜	350	350	夏季添加，添加时减 150g 水果
桃	120	150	夏季添加，添加时减相应量水果
胡萝卜	65	100	
黄瓜	80	120	
甘薯	70	110	
油麦菜	40	50	
番茄	40	50	
茄子	40	50	
树叶	300	300	冬季饲喂量为 200g，使用大叶女贞、小叶女贞、卫矛（此三种植物在济南为常绿树种）；夏季使用大叶女贞、小叶女贞、卫矛、构树叶、桑叶、榆树叶、柳树叶等
山楂片	6	6	

（续）

饲料名称	雌性黑叶猴	雄性黑叶猴	备注
干红枣	10	10	
花生	18	18	
瓜子	5	5	
白糖	6	6	

8. 特殊时期的日粮需求

雌性黑叶猴在妊娠期间，尤其在妊娠后期对树叶的采食明显减少，而对精饲料的采食明显增加。此时，一定要注意合理调配和控制精饲料投喂的数量和质量，避免因过多进食精饲料而导致消化不良、肠胃臌胀等不良反应（何厚能，2007）。

基于人类的相关数据，黑叶猴孕期和哺乳期的干物质采食量应增加13%～23%（AZA，2012）。朱本仁（1991）认为，黑叶猴哺乳期能量消耗大，食量比非哺乳期增加14%，因此需加强管理，按比例增加营养，特别应注意饲料质量，使母体能分泌充足的乳汁喂养幼仔，并为参加下一周期的繁殖打好基础。随着幼仔日龄增加，应定期调整母体的饲料量，特别是在幼仔2月龄后开始逐渐增加母体的饲喂量，可保证雌性和幼仔均有足够的营养（朱本仁，1999）。

（三）饲喂方法

黑叶猴等树栖物种的饲喂点应离地至少1.5m，以维持其自然的觅食习性，减少粪便等污染。野外的研究显示，黑叶猴多为群体觅食，群体中的雌性存在统治阶层。因此，应在黑叶猴展区设置多个投喂点，减少投喂时的争斗，同时也可鼓励黑叶猴在不同觅食点之间移动。为保证采食均匀，可将树叶按照笼内动物数量分成相应的扎数，悬挂于不同的地点，以保证每只黑叶猴都能采食足够的树叶。水果和精饲料以用手递喂或按只投喂为佳，以避免抢食造成个别黑叶猴进食过多而引起消化道疾病。树叶种类要不定期更换，这样可引起黑叶猴对新树叶的兴趣（朱本仁，1991）。

叶食性灵长类动物食入精饲料过多会造成消化不良、臌胀等不良反应，因此一般应先投喂新鲜树叶，可自由采食，间隔一段时间后再投喂精饲料和果蔬，且一定要控制精饲料与果蔬的饲喂量及投喂的时间间隔，这在减少黑叶猴消化道疾病上很重要（刘学峰，2016）。

（四）饮水

除兽医有特别要求外，应保证黑叶猴在每个空间都能饮用新鲜和清洁的水源。在室内，应通过水池或自动饮水设施提供水源，且新鲜清洁的水源应设置在离休息区较近的位置，但要避开栖架下方，避免被排泄物污染。

三、 黑叶猴的社群结构

（一）社群结构的改变

动物的群体结构与大小应满足其社会、生理与心理上的健康需求，并能促进物种行为的正确表达。动物的社会环境受到多个管理因素的影响：如展馆大小和复杂性、食物、投喂点、喂食次数、个体的社会经历、季节、群体的年龄和性别比例等。根据黑叶猴野外1雄多雌的社会结构，建议最小群体为1雄2雌，但部分饲养机构受到种群性比（雄性：雌性）＞1的影响，也有按1雄1雌配对的情况，部分冗余的雄性组成全雄群或孤雄。最大群体大小主要取决于展区空间大小、群体内个体性情以及种群遗传学和统计学管理需要。

黑叶猴社群的雌雄比例取决于兽舍面积和繁殖的辅助设施，1♂：1♀、1♂：2♀或1♂：4♀的比例，均可取得满怀（朱本仁，1999）。如果从繁殖周期和管理效果上来考虑，则认为1♂：（3～4）♀最佳，并且也符合黑叶猴1雄多雌的繁殖生态。雌性过多可能造成雄性交配频次繁多而影响体质，应予以重视。不宜在一个兽舍内将2只或2只以上成体雄性放在一起，以免在繁殖过程中出现干扰和麻烦。一般20～22m²的兽舍，可采用1♂：2♀的比例；兽舍面积为28～32m²时，可按1♂：（3～4）♀组成一个小家庭群（朱本仁，1999）。

黑叶猴家庭是典型的1雄多雌加幼仔的结构，这种组成反映了野外的群体结构：群的核心由称为雌性联合（female - bond）的成年雌性和未成年个体组成，成年雄性（主雄）在某一群里"称王"几年的时间后，被来自非本群的其他雄性赶走，被赶走的雄性成为孤雄或者若干只雄性结成临时的全雄群。群里的雄性后代在性成熟或者接近性成熟时，通常都要离开出生群，寻找机会成为它群"猴王"的替代者（黄乘明等，1996）。为了模仿野外群体结构，可以将雌性后代保留在母系群中；主雄在雌性后代性成熟之前进行更换；雄性后代在成年之前从这些群中被移出，以满足遗传、统计或饲养机构的需要。青少年雄性在成年时，偶尔会开始挑战占统治地位的雄性，群体中的主雄也会驱逐、追打即将成年的青少年雄性。这种争夺统治地位的行为后果的严重性，取决于不同的群体社会组成、动物个性及展馆设计。在没有足够大的环境空间时，建议雄性在 4 岁即将成年之前完成离群。

如无环境压力等特殊情况，3 岁以下的雄性不需要过早离群。雄性在早年可以学习有价值的社交技能，从原生群离开可能导致雄性缺乏适当的社交技能，而这些技能在之后其领导群体时是必要的。建议不要为了避免预想的潜在的雄性间的攻击而过早隔离亚成体雄性。建议进行多种形式的行为管理，来代替亚成体雄性的离群或隔离。

如果有遗传学、统计学管理的需要，可将雌性转移到新群中。如果雌性被群内其他个体攻击，必要时可考虑重新将其安置。

正常情况下，不需要在分娩前后隔离妊娠的雌性黑叶猴。特殊情况下，如果群体内因采食不均而造成妊娠的雌性进食不足或被攻击等情况，则在有充足和合适空间的条件下，需要对妊娠的雌性及幼仔或雄性进行短暂隔离。应基于群体动态来决定是否需要隔离。

雌性的代母行为（"阿姨行为"）很常见，经常会在分娩后第一天就观察到。这种行为是对雌性哺育经验的学习，也可以加强社群关系。这些行为如不影响正常的哺乳，则不需要干预。

全雄群

野外的黑叶猴全雄群很常见，雄性之间也会花时间相互理毛、相互依偎着休息。在野外，不属于雌雄混合群的成年雄性，通常被观察到单独（被称为"孤雄"）或 2 只一起生活（"双雄"），有时会组成全雄群。这些情况常常都是暂时性的，孤雄、双雄或更大的全雄群会在雌雄混合群之外游荡，企图与群中的雌性交配、加入群体外围或取代群中的雄性并接管整个群体。

圈养条件下，由于受 1 雄多雌的群体结构以及部分饲养机构出生性比（雄性：雌性）大于 1 等因素的影响，常常需要对多余的雄性进行安置。建议只要动物性情允许，就可组成全雄群。全雄群通常更难维护，依赖于展馆的复杂度和可管理性。2 只雄性一起饲养通常难度较小，3~4 只雄性一起饲养会面临更大的挑战，4 只以上雄性则很难一起饲养。

野外的全雄群有时是由有亲缘关系的 2 只雄性组成，如兄弟。在动物园里，如果必须组织全雄群，那么将关系相近且从小生活在一起的 2 只雄性饲养在一起，会减少相互攻击的可能性。

如果饲养区内除了全雄群外还有其他的雌雄混合家庭群，则建议对其进行视觉和嗅觉隔离，避免家庭群中的雌性影响全雄群的稳定性。

（二）引入与重引入

动物的饲养管理和繁殖是一个动态的过程，饲养机构内部或饲养机构之间通常会出于繁殖、治疗、转移等需要而进行引入或重引入。需要强调的是，所有引入都应在保证动物和参与人员安全的前提下进行。

引入方案通常有两种：引入完全陌生的个体和重引入暂时离群的个体。饲养机构应严格评估隔离动物的原因，员工应了解物种在野外的社群结构、典型的行为及自然栖息地知识。由于动物个体性情、展馆设计、每个群体的社群动态各有不同，所以引入所需时间也有很大不同。目前还没有关于如何进行黑叶猴引入的参考文献，以下信息是基于 AZA 的《疣猴饲养管理指南》对引入技术的基本概括。

1. 陌生个体的引入

为了能够成功引入，每个展馆都应设计有至少 2 间内舍，内舍之间有可相互交流的推拉门。被引入个体间的首次见面应只是视觉上的，不应有直接接触。这可以通过使用透明的移动门（如玻璃门、树脂门等）来实现。也可以通过将动物放在面对面的房间来实现，这样动物可以相互看见，但接触不到。一旦动物适应了另一个体的视觉存在，就可以用网移门代替透明移动门，但网眼应小到动物的手指和脚趾无法穿过。如果通过观察得出一致结论：动物已经适应彼此的存在，则可用更大网眼尺寸的网取代限制性网。引入阶段应密切观察，如观察到动物通过网眼发生过多的攻击行为时，应立即启动后备计划，快速从房间中移走其中的任何一只。引入期的正向积极信号包括：没有攻击性地相互坐在一起、向另一个体呈臀、通过网眼理毛以及非亲和行为（如试图抓打其他动物或表现出威胁行为）减少。不同动物个体的正向积极信号也不同。应注意的是，有时动物会通过网眼表现出攻击信号，仅仅是因为有障碍分开了它们，这不妨碍成功引入，但需要进一步的调查以确认如何开展下一步工作。

引入的全接触阶段应在尽可能大的空间内进行，且对双方都是中立的状态。当一个或多个个体被引入已建群时，必须保证新个体有充足的时间在已建群不在时探索、熟悉新环境，这样做可以让它们在回避新伙伴或与新伙伴互动时少一些劣势。在引入的开始阶段必须提供与其他空间之间的通道，这样可以让新引入个体随时能够逃避或被及时隔离。对新组建的群体要连续观察多天，因为群体在安置阶段仍有可能出现问题。黑叶猴在争斗时，通常不会发出大的声响，所以观察者应让它们保持在可视范围内（但要确认在观察者的视线之外，黑叶猴之间是否依然能和谐相处，最好的方法是安装监控摄像头）。在引入阶段，会发生一些个体间的追逐行为和少量接触，这些属于正常现象，但如果争斗升级，则需要及时将黑叶猴隔离。这些隔离信号包括：大量的追逐行为导致个体表现出紧张（如大口呼吸）、相互抓咬或搏斗、个体被群体攻击性驱逐。如果群体中的雌性群体攻击或追逐一只新的主雄时，可能不必隔离，因为这是群体形成时的自然过程，然而，如果随着群体的建立，这种行为还没有平息，则应考虑其他建议。每个饲养机构都应在基于了解动物个体的性情、行为暗示以及群体攻击行为缓和程度的前提下做出是否隔离的决定。

引入陌生个体的合适时机也很重要。在群体内有新出生个体后不久引入新个体，会引发对新引入者的严重的攻击行为。如果能确认发情的话，引入发情期的新雌性有过渡作用。应尽量避免在喂食时间引入新个体，因为它会被认为是潜在的食物竞争者。

2. 熟悉个体的引入（重引入）

有观察发现，黑叶猴偶尔会对长期离开本群又重引入的个体表现出攻击性。尽量缩短个体离群的时间，可有效避免重引入时的攻击行为。如果无法避免长期隔离，强烈建议群中的另一个体与被隔离个体共同饲养，这可以让重引入更容易、更成功。也可以将隔离个体与更年轻、地位更低、攻击性更小的个体同时引入。如果一个个体从它的社群中长期隔离，最安全的选择是把它作为完全陌生的个体对待，按照上文提到的陌生个体引入的步骤进行引入。

如果展馆足够大，可供隔离个体与其他个体待在同一空间内，建议通过大尺寸网眼来让黑叶猴相互接触。然而，有些饲养机构观察到若通过网或围栏长期隔离动物，那么重引入时它们的攻击性会进一步加强。在一些实例中，严重受伤如断臂、尾部重伤的动物，在接受治疗 2d 的时间内，完全可以回到群体中。

3. 年轻个体的引入

建议雄性黑叶猴保留在原群中至少到 2 岁，从而学会领导新群的技能。群体中的主雄会对 3 岁以上的雄性后代表现出驱逐行为。雌性一般可留在母系群中，但如果需要重新安置，建议 3 岁以后再移走。3 岁以下的个体可能不具有融入一个新群体的社交技能，对今后在群体中的交流甚至哺育后代存在困难。每次引入前都要对引入计划进行检查，并根据新引入黑叶猴个体的性情、现存群体的动态以及展馆设计来调整。

四、 黑叶猴的繁殖

（一）配对

圈养条件下，黑叶猴性成熟年龄为：雌性（3.96±0.53)岁，雄性（5.48±0.38)岁。雌性发情高潮维持（2.57±0.68)d，发情周期（22.5±7.93)d，月经初潮在 2 岁 9 月龄，但经血多不明显（梅渠年，1998）。

雌性在发情期比平日兴奋，阴唇肿胀且较湿润，腹股沟的白斑稍有光泽而显得油润，常喜欢与雄性接近、随雄性活动或互相理毛，并常在雄性面前翘起尾巴，有时故意抬起臀部，放低前肢，回头观看雄性，发出短促的鼻音。

交配过程参见第一部分黑叶猴的繁殖学。

（二）妊娠

黑叶猴一个生殖周期为（17.42±1.79)个月，妊娠期为（184±15)d（梅渠年，1991）。妊娠表现参见第一部分黑叶猴的繁殖学。

（三）分娩

黑叶猴每只个体的分娩行为变化均不同，如果出现不同于日常行为的变化，则可能预示着正在分娩或即将分娩，如食欲不振、烦躁不安等。可参考的变化有：乳头变化、外阴变化、走路双腿岔开并竖起尾巴、触摸阴部并品尝、其他成员查看外阴等（AZA，2012）。

分娩过程参见第一部分黑叶猴的繁殖学。黑叶猴分娩后，幼仔与胎盘相连，脐带长 15～20cm。个别母体分娩后吃掉胞衣，并舔净幼仔体表的胎液；也有个别母体（不论初产或经产）不会咬断脐带和吃掉胞衣，以致幼仔身上系着一个胞衣，这可能导致胞衣钩在笼舍铁管或铁丝上，危及幼仔生命和影响母体哺育。如遇此种情况，不要急于捕捉母体，以免干扰其哺育，应让母体安静，使幼仔吃上初乳，然后让熟悉的保育员接近母体并用预备好的消毒剪刀剪断脐带（朱本仁，1999）。

大多数情况下，母体分娩前不需要与原群分离，分娩前后母体留在群体中对其社群管理的建立和对社群的凝聚力有重要意义。孕期个体的隔离可能会造成其产生不必要的精神压力。

在分娩过程中，要保证母体待在舒适的环境中。环境压力会导致母体流产，因此要注意妊娠期保持环境的稳定，尽量避免大的噪声、新保育员的加入、新个体的引入等，如果必须对母体进行串笼等转移操作，则一定要在分娩前1个月完成。

分娩前保育员应对产房进行检查，寻找一切可能伤害新生幼仔的隐患，如可能卡住幼仔头部的缝隙、可能缠住幼仔脖子的绳索等。新生幼仔有可能会穿过大于5cm×5cm的网眼，所以繁殖区围网的网眼要小于该尺寸。

在野外，群体中新加入的成年雄性黑叶猴会有杀婴行为，因此，应避免在雌性妊娠后期、分娩前后、群体内有小于2岁的幼仔时引入新的成年雄性个体，并注意加强对群体中刚成年的雄性或亚成体雄性的行为观察，以避免出现杀婴行为。

（四）性激素与行为的关系

动物繁殖行为是其内在生殖功能的外在表现，内分泌系统是动物体内调控生殖功能的重要系统之一，其调控作用主要是通过性腺分泌的性腺激素来实现的。王松（2005）通过放射免疫法监测圈养黑叶猴尿液中性腺激素与繁殖行为的关系发现：在发情期，雌性黑叶猴尿液中的雌二醇浓度逐渐上升，排卵前雌二醇浓度达高峰，此时雌猴的性行为频繁，与雌二醇的变化呈正相关；受精14d后，雌二醇浓度显著高于受精前，妊娠中期达高峰；而尿液中孕酮浓度在妊娠前期仍维持在基础水平，妊娠中期才逐渐升高。根据此种现象，可以应用雌二醇来监测发情和妊娠。

在妊娠中期，雌性黑叶猴仍维持着较高频率的邀配行为，但雌猴的性激素并没有表现出与邀配行为的相关关系，因此不能将妊娠期的频繁邀配归结为性激素的作用。妊娠期雌猴的性行为是为了维持与雄猴的交配关系并得到雄猴的保护。分娩后，雌猴尿液中的性激素水平急剧下降，到重新发情前，一直维持在基础水平。

雌二醇能够促进雌性黑叶猴的母性行为。雌猴分娩前雌二醇水平的异常降低可能预示着分娩后幼仔的低成活率。

雌性黑叶猴的性激素水平及邀配行为与其等级序位无关，但等级高的雌猴繁殖较早。也就是说，雌猴间的生殖竞争与等级序位无明显的相关关系，它们是通过交配时间上的分离来降低雌性间的生殖竞争强度。

雄性黑叶猴尿液中的睾酮分泌呈现出一种不规则的脉冲式特点。在幼仔出生后，雄猴尿液中的睾酮浓度显著下降，这可能是对其后代的一种保护。雄猴的睾酮水平与其性行为无关，社群的紧张程度能促进睾酮的分泌，但笼养状态下的1雄多雌群体使其社会紧张程度下降，无法观察到睾酮与攻击行为的相关性。

（五）幼仔护理与发育

哺乳期最开始的2d，应仔细观察幼仔是否吃上初乳。可用食物引诱母体和幼仔到铁栅前，观察幼仔是否叼上乳头，并通过母体乳头的光亮度和湿润度来判断母体是否有乳汁、幼仔是否真正摄入乳汁（朱本仁，1999）。

部分饲养机构会采取提前断奶的方式。幼仔由雌猴哺育到7~10个月时，毛色接近成体，哺育时间大为减少，经常单独下地活动，或随雌猴在地上一起活动或采食各种成体的食物，此时即可断奶。可将幼仔移入其他育成舍内饲养，让许多年龄相近的幼仔在一起生活，以免幼仔孤独。这样可以让雌猴尽快参加下一繁殖周期的繁殖，一般3年可繁殖2胎（朱本仁，1999）。但为了保证幼仔的成活率，应至少在幼仔1岁以后再断奶。为了让幼仔在家庭群中学习更多的社交等技能，特别是让雌性幼仔学习哺育后代的技能，建议至少2岁以后再隔离，这样通常不会影响黑叶猴的繁殖率。

在圈养条件下，黑叶猴的繁殖没有严格的季节性，全年各月均有幼仔出生（梅渠年，1987）。而在自然环境下，黑叶猴的幼仔出生表现出明显的季节性。在麻阳河国家级自然保护区，黑叶猴出生集中在1—6月，其中，2—4月出生的幼仔占全年出生幼仔的85%，3月出生的幼仔最多，占全年出生幼仔的40%；7—12月没有幼仔出生（吴安康等，2006）。

黑叶猴初生幼仔大部分体毛为金黄色，背部和尾巴有不同程度的黑色毛发，7~10月龄时毛色转换基本完成，与成体无异。毛色的转换有3种形式，第一种是较均衡地转换身体各部位的毛色为黑色；第二种是从尾、四肢末端开始，向躯体到头部转换为黑色；第三种是从尾端开始向躯体到头部逐渐转换为黑色。一般在夏、秋季出生的幼仔其黑色体毛面积大，转换较快；饲养时间长和体质较好者，毛色转换也快（梅渠年，1998）。

张嘉欣等（2019）将黑叶猴幼仔的运动行为发育分为3个阶段：0~1月龄为依赖期，此阶段幼仔大部分时间都在母体怀中，无法独立完成某项运动，主要的运动方式为爬行；2~7月龄为发育关键期，各项运动行为迅速发育，同时随着月龄增长，幼仔逐渐摆脱对母体的依赖，奔跑、跳跃的距离也逐渐增加，此时幼仔的发育最迅速；8～12月龄为稳定期，幼仔的各项运动行为发育趋于稳定。

（六）人工育幼

圈养条件下，幼仔由雌性哺乳是最好的方式，这样幼仔既能喝到营养价值高的母乳，又能从雌性身上学习到很多社群方面的知识，所以一般不建议主动进行人工育幼工作，但是如果存在以下5种情况，则需要采取人工哺育的方法：①雌性是初次产仔，没有哺育经验，不会哺育幼仔；②雌性由于缺乏母性而弃仔，或者由于社群地位较低，受到干扰惊吓而弃仔；③雌性产后虚弱，或产仔后泌乳不足或没有母乳；④幼仔是早产儿，体质比较虚弱；⑤为提高繁殖率，缩短雌性繁殖周期（徐正强等，2014）。但人为缩短繁殖周期，会导致雌性幼仔成年后的弃仔率升高，因此不建议为了提高繁殖率而提前断奶，建议幼仔跟随父母生活到至少2岁以上，保证其有充足的时间学习哺育后代和社群生活的技能。

目前关于黑叶猴的人工育幼鲜有文献报道，一些黑叶猴饲养机构如北京动物园、广州动物园、梧州市园林动植物研究所、贵州森林野生动物园、南宁动物园等都有过人工育幼黑叶猴的经验，但有详细记录的成功案例较少。笔者将广州动物园、北京动物园的成功案例和贵州森林野生动物园的一些实践经验进行总结，与同属疣猴亚科的黑白疣猴、川金丝猴等人工育幼的成功技术相结合，并将导致人工育幼失败的可能因素一并列出，以供饲养机构参考。

叶猴因其特殊的食性和消化道特点，人工育幼一直是个难题，黑叶猴的人工育幼成功案例更是少见报道，这一是因为黑叶猴母乳的营养成分尚不清楚，二是因为黑叶猴的消化道发育不同于果食类灵长类，需要特殊的肠道菌群。因此，建议在人工哺育的前72h内尽量寻找合适的雌猴进行代哺，如无法找到代哺雌猴，再考虑进行全人工哺育。在全人工哺育的情况下，如能采集雌猴的乳汁进行营养分析，将会对选择合适的奶粉并进行人工乳汁的合理调制有很大帮助；也可采集雌猴的乳汁冻存起来，混合人工乳汁一起哺喂幼仔，这对提高幼仔的免疫能力非常有利。人工哺育黑叶猴时，可以使用市售的安婴儿或合生元等0～3月龄的人用婴儿奶粉，也可采购人类婴儿使用的恒温箱与哺乳器械，如人用奶嘴过大则可以采用宠物猫的用具。如果黑叶猴幼仔刚开始时不会正确吮吸，则可以使用滴管哺喂。

奶液的调制方式可以参考人类婴儿奶液的调制方式，其浓度可以根据幼仔的消化能力而定，一般采用奶粉与温水比例为 1：（7～10）。黑叶猴是一种在喀斯特石山山貌生存的灵长类动物，对钙的需求旺盛，因此可以在哺乳过程中适当补充钙元素。叶食性灵长类动物对单宁有天然的适应能力，虽然其机制尚不清晰，但是用茶水（以山指甲、榕树、构树的嫩芽以及木棉花晾晒制成茶包）调制奶液，可能有利于提高黑叶猴幼仔的成活率。

目前，虽然某些动物园或野生动物救护饲养机构有黑叶猴人工育幼的记录，但是国内还没有黑叶猴人工育幼的相关标准或规程。附录 1 提供了北京动物园的黑叶猴全人工育幼方案；贵州森林野生动物园的黑叶猴幼仔人工育幼方案见附录 2。但因地域及环境等因素不同，幼仔的哺育方法和使用的奶粉都可能有所不同，以上方案仅作为参考。

1. 人工育幼的用具（彩图 6 至彩图 8）

（1）恒温箱　常为透明、封闭式的电控自动婴儿哺育恒温箱。可以自由设定箱内的温度、湿度、通风状况，供幼仔哺育前期使用。

（2）木栅笼与小铁笼　均为半开放式。针对灵长类动物喜攀爬的特点，木栅笼由许多木条构成，木条之间留有空隙，以保证通风和采光，但不能控制笼内温度和湿度（数值与环境相同）。幼仔生长发育到一定程度，其适应环境的能力提高，活动量加大。木栅笼与小铁笼就可以用来供幼仔活动、锻炼能力，笼内也可以增设一些供攀爬用的栖架和绳索。这两种用具主要供幼仔哺育后期使用。

（3）铺垫物　主要指干净且大小不一的毛巾、毯子等，这些铺垫物需要每天换洗。另外应放置长毛绒玩具，使幼仔有安全感。

（4）奶瓶　准备不同规格（容量）的奶瓶、奶嘴以及不同直径的孔，也可用注射器代替奶瓶。每次喂奶前后要用沸水或消毒柜消毒奶瓶。

（5）注射器、胶管、量杯及不锈钢广口杯　前三者用来定量奶液，后者用来给奶液加温。也可以使用市售水浴式温奶器让奶液保持恒定的温度。

（6）电子秤、皮尺　电子秤用于饲料的准确配制及幼仔的称重。皮尺用来测量幼仔的体长。

（7）体温计、液状石蜡及酒精棉球　用于定时测量幼仔的体温。测量肛温时体温计的头部需要在液状石蜡中蘸一下，增加润滑度，以防止幼仔肠黏膜受损，并在使用后用酒精棉球消毒。

（8）纱布和餐巾纸　在每次喂完奶后以及幼仔排泄后使用。人工育幼的初期也可用于按摩幼仔的肛门，刺激其排便。

2. 人工育幼环境的设置

幼仔的直肠温度应保持在 36.6～38.3℃。幼仔在人工育幼初期应饲养在恒温箱内，箱温控制在 30～32℃，湿度控制在 60%～70%。如果幼仔体温低于 35℃，可以适当提高箱温，帮助其物理加温。还可采用洗温水澡或用温水浸泡来进行物理加温，水温控制在 40℃左右，时间为 15～20min。温度及湿度的设置随着幼仔的不同生长阶段而改变。不同生长阶段幼仔饲养环境的设置见表 2-7。

表 2-7　不同生长阶段黑叶猴幼仔饲养环境的设置

生长阶段	饲养场所	饲养场所温度（℃）	饲养场所湿度（%）	室温（℃）
小于 1 月龄	恒温箱	28～32	60～70	22～25
1～5 月龄	恒温箱（根据动物体况确定是否使用）	25～27	60～70	22～27
5～6 月龄	组合小铁笼	20～24	60～70	20～24
大于 6 月龄	组合小铁笼	冬季不低于 20℃，夜间保持在 23～25℃	环境湿度	冬季不低于 20℃，夜间保持在 25℃

资料来源：徐正强，2014。

3. 人工育幼的注意事项

在某一生长发育阶段内，温度、湿度应保持稳定，不宜过于频繁地进行调整。在人工育幼的过程中，温度、湿度的调整变化对幼仔的生长发育影响很大，在某个阶段过高或过低都会对幼仔的消化吸收功能以及精神状态造成影响，并易引发疾病。幼仔如生活在适宜的温度、湿度环境里，其睡眠、活动、吸收、排泄等都会很有规律，否则易出现混乱（徐正强等，2014）。

加强观察记录，防止恒温箱突然断电或因阳光直射而使箱内温度过高等意外情况的发生。

箱内的纸尿片、毯子、毛巾等铺垫物应保持清洁干爽，并及时更换，毛绒玩具等也要定期清洗消毒。7 日龄内的幼仔可能需要人工辅助排尿、排粪，可在每次喂食时用软布或毛巾刺激其排尿、排粪，直到幼仔能自主排泄。

保证恒温箱内空气流通，确保空气清新。每天都要打开箱门换气一次，除去箱内空气的异味。恒温箱的换气孔不要直接对着风口。

紫外线是保证幼仔健康生长发育的一个重要因素，有助于幼仔机体产生足够的维生素 D, 促进幼仔的骨骼生长。因此, 应每天适当让幼仔进行日光浴（通常保证每天 1~2h）, 并随幼仔月龄增长而适当延长时间。需要注意的是, 紫外线穿过玻璃后强度会大大降低, 因此透过玻璃的日光浴是无效的。

1 月龄后, 可逐渐将幼仔转移至更大的普通笼箱, 以满足其攀爬等运动需要。转移过程的初期, 幼仔会出现应激等不适反应, 可将在恒温箱内使用的毯子、毛巾、毛绒玩具等一起跟随幼仔转移到另外的笼箱, 增加其安全感; 并逐渐延长其离开恒温箱的时间。

保持育幼室环境的安静, 减少非工作人员对幼仔的打扰。在人工育幼的早期, 保育员最好相对固定, 这样有利于及时发现问题, 应尽量避免人员的更换。对于初生幼仔来说, 其对人员更换的适应能力较弱, 且不同保育员在操作上会有差异, 这可能使幼仔产生应激反应。

在日常饲养中, 应尽量减少和避免保育员与幼仔之间的过多交流与接触。日常饲喂后, 可将幼仔放到具有栖架、爬架等设施的小铁笼内, 供其自由玩耍。该铁笼也可以作为"引见笼", 放到黑叶猴群体笼内或附近, 以便幼仔与同类进行视觉、听觉、嗅觉的交流, 为日后回归群体（引入）做准备。

做好育幼日志, 记录每次哺育的过程（提供的奶液量和实际的采食量）、温湿度以及幼仔的体重、排便和排尿情况; 同时应记录幼仔的行为变化和转折性事件、对新环境的适应情况、与同伴的交流情况、隔网喂食情况、啃咬固定食物的情况等。

育幼期间, 特别是早期, 保育员不要涂抹气味浓烈的化妆品, 也不要使用其他有刺激性气味的物品。

4. 人工奶液的配制

以 300mL 的蒸馏水（60~80℃）浸泡茶包（以山指甲、榕树、构树的嫩芽或嫩叶以及木棉花晾晒制成, 重 20~30g）5min 以上。用泡好的茶水与奶粉按照一定比例调制奶液。对于刚出生的黑叶猴幼仔, 奶粉一般需要与茶水按 1:10 稀释, 慢慢可提高至 1:8、1:7。稀释是为了减轻奶液对幼仔胃肠道的负担, 随着幼仔胃肠功能的完善可逐渐提高奶液的浓度。奶液配方的任何变化都应循序渐进, 主要成分的急剧变化会让大多数幼仔不适应并出现问题。

5. 哺喂方法

幼仔刚取出时, 按其体重的 10%~15% 配制奶液的日饲喂量, 再除以日饲喂次数即每次饲喂的奶液量。开始时应少量多次饲喂, 每 3h 一次, 饲喂次数应根据幼仔不同的发育阶段以及每次摄入奶液的能力和每天的能量消耗来确定，同时根据幼仔的体重增长情况来确定喂奶量（图2-2）。每次饲喂的间隔时间应相对固定。当幼仔体重增长的幅度下降时，就应考虑是否需要增加喂奶量，但应循序渐进地增加，不应改变过快，以免幼仔不适应。幼仔每次不宜吃得过饱，八成饱即可，这样有利于其消化吸收，刺激食欲。可以根据幼仔的排泄质量与数量来判断所提供的奶液量与浓度是否合理（徐正强等，2014）。

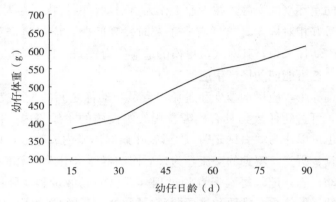

图2-2　广州动物园人工育幼黑叶猴的体重增长情况

建议3日龄内初生幼仔的喂奶量为每次5～7mL，3日龄后可根据其消化情况，慢慢增加喂奶量，1月龄内每天饲喂6～8次。当需要断奶时，慢慢减少喂奶量直至完全停止哺乳。哺乳的时间可以是6：00、9：00、12：00、15：00、18：00、21：00、24：00。24：00与次日6：00之间留有一定的时间供幼仔休憩睡眠。如果幼仔未到6：00的哺育时间即哭叫寻乳，则可以调整哺乳方案，缩短24：00到次日6：00的饲喂间隔时间。每只幼仔的喂奶量可根据实际情况进行调整。

　　饲喂方式及注意事项：在调配好奶液后，如幼仔处在睡眠状态中，应将其轻轻弄醒，如室温适宜，可将其取出恒温箱，或在恒温箱内进行操作。保育员在喂奶时应保持幼仔直立或稍后倾，一手持奶瓶，另一手轻轻捏住幼仔的下腭。奶瓶倾斜成一定角度，使奶嘴充满奶液并不能有过多的气泡。喂奶时应保持环境安静，以免分散幼仔的注意力，影响其进食；同时应控制好喂奶量，不宜过多，防止幼仔呛奶，如不小心呛奶，应立即停止喂奶，轻拍其背部，保持食管与气管畅通。喂奶后应取干净的餐巾纸或纱布擦净幼仔嘴边的奶液。最后用手轻拍幼仔的后背或轻抚其前胸，帮助其排出消化道中多余的气体（徐正强等，2014）。

6. 食物转换

食物转换主要指幼仔的食物从以奶液为主转换到以饲料为主的过程。食物转换在人工育幼中是技术性和操作性很强的一个环节。其时机选择适当与否直接影响整个人工育幼的成败。如果时机不当，或措施不对，则很容易引起幼仔胃肠道功能紊乱，造成其腹泻、体质下降、营养不足等不良后果。食物转换应在幼仔发育正常、无疾病以及外界环境稳定的情况下进行（徐正强等，2014）。当幼仔开始出牙，喜欢对周围比较硬的物体（木床、铁笼等）进行啃咬时，就可以开始适当地给予其固体食物（如新鲜的小树枝、山指甲或榕树等的嫩叶、木棉花或苹婆花等），使其熟悉食物的气味、形状等。有些幼仔也会啃咬固体食物。食物转换需要一段时间，不是一蹴而就的，应循序渐进地增加辅食量，适当减少喂奶量。与此同时，应多注意观察幼仔粪便、尿液、体温、体重等的变化，如有异常则应及时调整措施。食物转换的时间视幼仔的体况、消化吸收功能而定，体质好、消化吸收功能强的幼仔可以提前开始食物转换，反之则推迟。

人工育幼时，应尽早让幼仔接触固体食物。幼仔4～6周龄时可以给予其加工成细长条的食物，以及一些流食和青绿饲料，如香蕉、苹果、番石榴、嫩树叶等。食物转换的初期可参考人类婴幼儿添加辅食的办法，先用小勺将食物刮成泥状等少量喂食，然后逐渐过渡到让幼仔自行啃咬、采食固体食物，也可添加额外的咀嚼物或绿叶。建议尽早在其环境中放置树叶，以便在幼仔玩耍时的不断尝试中学会啃咬、进食树叶。黑叶猴幼仔大约6月龄可以逐步断奶。此时要逐渐减少奶的饲喂量，增加果蔬、树叶等辅食，此过程不可过快。食物转换的过程中，尤其要注意幼仔的消化情况、营养摄入情况以及行为变化。

7. 添加剂的使用

为了提高幼仔的免疫能力，促进其新陈代谢，常在饲料中添加一些添加剂，如改善消化吸收功能的乳酸菌片、促进生长发育的钙和鱼肝油、补充微量元素的小施尔康等。添加剂的使用应根据幼仔的不同生长阶段而定，应适量、有针对性，不可任意添加（徐正强等，2014）。

液态的复合维生素与矿物质添加剂可以每天早上直接经口投喂，也可以与奶液混合后饲喂，以提高其适口性。

粪菌移植： 一周一次，以无菌操作取豌豆大小健康成年猴的新鲜粪便（取中间未被外部环境污染的部分），与 10mL 的奶液混合，用茶匙取混合液经口投喂给幼仔，这样有助于在幼仔的胃肠道建立正常的微生物菌群。

8. 人工哺育幼仔回归（引入）群体

人工哺育对于任何灵长类动物来说都是不利的，尤其是对幼仔的行为发育会有不良影响。在人工育幼过程中不应让幼仔对人产生印迹，应尽可能不让幼仔出现人的行为。在幼仔发育的早期，让自然哺育的同伴处于人工哺育幼仔的视觉、听觉和嗅觉范围之内，有利于塑造人工哺育幼仔的自然行为，促使其顺利引入群体。引入群体应越早越好（但要确保群体中没有成年雄猴，以免杀婴行为带来的风险），特别是对叶猴来说，应尽早让人工哺育幼仔接触同类，对其尽早学会采食树叶也是非常有利的。人工哺育或代哺过程中可以通过"引见笼"将幼仔逐步引入群体。引见笼可以让幼仔与群体中的个体通过视觉、听觉与嗅觉交流，但限制两者之间的直接接触，从而保证幼仔在引入初期的安全，之后通过观察群体中个体的反应，特别是成年雌猴的行为来判断下一步的措施。

幼仔回归群体的步骤应循序渐进，根据其行为发育进行引导，尽量尝试通过笼舍门、网眼等隔障饲喂幼仔，且越早越好，越频繁越好；饲喂期间应关闭保育员和幼仔之间的移动门；让幼仔花尽量多的时间来看、听、闻其他同类；可以在所有将来能进行引入的展区或后场开展人工育幼工作。

9. 代哺

为加快幼仔的行为发育，特别是对树叶的采食，在有条件的情况下，可在幼仔尚未断奶时引入代哺雌猴。刚开始仅让代哺雌猴与幼仔在日间相伴，仅在需要喂奶时让幼仔靠近保育员进食，晚间则让幼仔与代哺雌猴分离，回到育幼室。这种方式可以减少幼仔对人的依赖。当幼仔在晚间不需要人为照顾时，可以让其与代哺雌猴 24h 相处，喂奶时尽可能隔网饲喂。有些代哺雌猴允许幼仔接近保育员，而有时幼仔在代哺雌猴的呼唤下，没吃饱就会回到代哺雌猴身边。这时，可以先关闭通道或门，待幼仔吃饱后再尽快打开门或通道让幼仔与代哺雌猴团聚。保育员应离开幼仔视线，并通过倾听幼仔的叫声来判断其是否被代哺雌猴抱起，如果被抱起幼仔会发出特殊的声音，此时就可以将代哺雌猴与幼仔放回展区。

10. 常见疾病的预防

幼仔机体的各方面生理机能还未成熟，所以要多注意观察，同时做好相关数据的收集，以便今后分析调整。对于疾病以预防为主，具体措施如下：

（1）兽医定期为幼仔做相关检查，如血检、尿检等。

（2）根据医嘱在饲料中适当添加药物添加剂，帮助幼仔预防疾病。

（3）控制好环境温度，避免幼仔因昼夜温差大而感冒。

（4）做好清洁工作，保持饲养环境卫生，包括保育员自身卫生、环境卫生、使用器具卫生等；保持恒温箱或木栅笼与小铁笼的清洁，给幼仔提供一个干净的生活环境；每天擦洗恒温箱一次，并定期用消毒液消毒；幼仔的排泄物应及时清理。

（5）定期监测幼仔体重变化。掌握幼仔生长情况，合理制订饲养计划，满足幼仔的营养需要，避免造成幼仔营养不良或贫血等症状。

（七）种群管理

种群管理是指对种群数量和质量的控制措施。圈养野生动物的种群管理理念始于 20 世纪 70 年代华盛顿公约（《濒危野生动植物种国际贸易公约》，简称 CITES）的签署。CITES 的目标是确保濒危动植物种的继续生存，为了保护野生动植物物种不至于因国际贸易而遭到过度开发利用，限制了动物园等机构为了满足饲养及其他需求，任意地从野外获取濒危动物。动物园的工作重点也因此从收集动物变成了物种保护，开始了区域性的动物合作繁殖项目：如起始于 1981 年的美国动物园与水族馆协会（AZA）的物种生存计划（SSP）、起始于 1985 年的欧洲动物园与水族馆协会（EAZA）的欧洲濒危物种项目（EEP）等，目的是建立自我维持的移地动物种群。

动物园种群管理的理论依据来自小种群管理理论，即小的、破碎化的野外种群应进行管理以防止其灭绝。动物园的种群同样是小的（与健康的野外种群相比）、破碎的（分散在不同的机构中），也需要精细化的管理。

中国动物园协会的种群管理工作起始于 1991 年，陆续开始了圈养大熊猫、华南虎、川金丝猴等珍稀野生动物的谱系管理和种群管理项目。于 2011 年建立了圈养黑叶猴谱系，并成立了圈养黑叶猴种群管理项目（Chinese species studbook，CSB，级别为二级管理）。针对黑叶猴的物种保护地位、保护现状、科研价值、教育意义等，黑叶猴 CSB 组的种群管理目标定为保护、展示、教育和放归。2023 年 10 月，黑叶猴种群管理项目级别提升为一级管理（Chinese species conservation program，CCP）。

圈养黑叶猴种群管理项目组由组长、谱系保存人、机构代表和顾问组成。

谱系保存人将收集到的各饲养机构的所有黑叶猴历史谱系信息录入单一物种分析和记录保存系统（single population analysis and records keeping system，SPARKS），每年更新当年的动物出生、死亡、转移等变化情况，形成谱系簿，然后使用 SPARKS 自带的分析功能和种群管理软件 PMX（population management X）进行种群分析。组长根据谱系保存人提供的谱系簿数据、种群分析数据，结合各饲养机构的实际需求和实际情况，适时提出种群管理建议（含配对计划、转移计划等），并上报给中国动物园协会物种种群管理工作委员会灵长类动物管理工作组，批准后实施。

1. 黑叶猴圈养种群历史

黑叶猴是我国的本土物种，在国内主要分布在贵州、广西和重庆，20 世纪 70 年代开始有圈养记录。目前的黑叶猴圈养种群最早的主要来源是广西，其中梧州市园林动植物研究所和南宁动物园饲养的黑叶猴是两大核心种群。

（1）梧州市园林动植物研究所黑叶猴圈养历史简介　梧州市园林动植物研究所于 1991 年建立，原名"深冲花圃"，在 1992 年 9 月改为"梧州市园林动植物研究所"，1993 年中国动物园协会将其定为"中国梧州黑叶猴珍稀动物繁殖中心"，2016 年 12 月经梧州市政府审批同意，加挂"梧州市黑叶猴保护研究中心"牌子。研究所先后获得了"全国青少年科技教育基地""广西青少年科技教育基地""2021—2025 年全国科普教育基地""梧州市生态环境宣传教育实践基地""梧州市中小学生研学实践教育基地"称号。

梧州市园林动植物研究所（以下简称研究所）的黑叶猴种群来自从 1973 年起在梧州市中山公园（动物园）内饲养展出的黑叶猴，最初的种源主要来自广西龙州、大新、崇左一带引进的野生个体。现有的黑叶猴谱系资料显示，内部编号为 1 号的黑叶猴雌性个体是在 1975 年 12 月引进。广西人工饲养繁殖的第一只子一代黑叶猴于 1977 年 8 月 15 日在梧州出生；而后在 1981 年 6 月 15 日第一只子二代黑叶猴出生；在 1988 年 3 月 17 日成功繁殖第一只子三代黑叶猴。1991 年研究所内的黑叶猴基地建成，饲养在原中山公园（动物园）的黑叶猴陆续转移到基地内饲养，一直至今，并在 1999 年 7 月 13 日成功繁殖第一只子四代黑叶猴；在 2004 年 2 月 27 日成功繁殖第一只子五代黑叶猴；在 2009 年 2 月 10 日成功繁殖第一只子六代黑叶猴；在 2016 年 5 月 13 日成功繁殖第一只子七代黑叶猴；在 2021 年 4 月 15 日成功繁殖第一只子八代黑叶猴。至 2023 年末，已累计繁殖成活黑叶猴仔猴约 400 只，目前存栏数量约 80 只。有饲养记录显示个体人工饲养时间最长为 25 年 9 个月（引入时已是成年个体），该个体繁殖胎数最多为 15 胎次。2012 年，中国科学院动物研究所刘志瑾、史芳磊等研究员通过对存栏个体进行测定线粒体调控区和微卫星核基因数据测定分析试验，认为研究所存栏黑叶猴个体的最初地理来源地主要是广西境内和广西与越南交界处。

梧州市中山公园在 1981 年承担广西壮族自治区科学技术委员会的"黑叶猴人工饲养繁殖"课题研究，在 1984 年 10 月通过广西区级技术鉴定，该科研成果获得梧州"六五"期间重大科技成果奖，并得到国家建设部、中国动物园协会、广西壮族自治区科学技术委员会、广西壮族自治区建设委员会和梧州市政府等部门的重视。1992 年梅渠年主持的"黑叶猴人工饲养繁殖研究"项目获得广西 1992 年科技进步奖二等奖，该项目于 1994 年在北京参加全国科技大会，获得国家（1993 年）科技进步奖三等奖。1990 年研究所承担广西壮族自治区科学技术委员会的"提高黑叶猴繁殖率的研究"项目研究；1995 年承担广西壮族自治区科学技术委员会的"应用电视监控系统对黑叶猴繁殖生态的研究"项目课题。1998 年 11 月，"黑叶猴定名 100 周年暨灵长类保护动物国际研讨会"在梧州举办，研究所向来自国内外 10 多家动物园、保护机构、科研单位的专家代表展示并介绍了黑叶猴圈养种群情况。近年来，研究所主持承担或参与的黑叶猴保护、饲养技术相关的项目有"笼养黑叶猴食物消化道滞留时间和营养需求的研究""中国梧州黑叶猴珍稀动物繁殖中心圈养黑叶猴寄生虫调查及防治""黑叶猴基础生物学数据调查""黑叶猴恶性肿瘤病例病原溯源及防控"等。

（2）南宁动物园黑叶猴圈养历史简介 南宁动物园于 1973 年成立，1975 年 4 月建成并正式对外开放。1974 年，南宁动物园从人民公园迁入 20 多只黑叶猴，为南宁动物园黑叶猴圈养种群的前身。据不完全统计，南宁动物园在 1997—2023 年共繁殖黑叶猴超过 180 只，平均每年繁殖 6 只以上。目前拥有黑叶猴 70 余只，仅次于梧州市园林动植物研究所，是全国第二大黑叶猴圈养种群，为城市动物园第一大黑叶猴圈养种群，也是黑叶猴野外放归的重要后备种源。

南宁动物园通过饲料调整、馆舍丰容等方式，大大降低了黑叶猴的发病率和死亡率。2014—2015 年南宁动物园通过微卫星标记等方法对整个种群进行了遗传多样性分析，完成了园内所有黑叶猴的登记造册、标识注射和个体档案的建设。

1982 年，南宁动物园进行的"室内驯养黑叶猴的繁殖研究"获得"广西优秀科技成果三等奖"和"南宁市科技成果一等奖";2008 年,顺利完成南宁市科技计划项目"黑叶猴胃肠迟缓及老年肾病综合征研究";2017—2020 年,参与国家自然科学基金面上项目"喀斯特石山灵长类的能量代谢进化适应对策"。此外,南宁动物园还积极参与了广西林业厅主持的黑叶猴野外放归项目和黑叶猴种质资源基因库的建设。

2016 年,南宁动物园成为中国动物园协会黑叶猴圈养谱系保存单位和种群管理单位,每年完成一次全国黑叶猴谱系调查、谱系簿编制、种群分析等工作。2018 年,南宁动物园的"黑叶猴饲养繁育"项目被中国动物园协会评为"种群发展最佳范例"之一。

2. 黑叶猴圈养种群统计学

截止到 2023 年底,黑叶猴谱系簿共录入 53 家饲养机构的 927(459.438.30)(雄性数量、雌性数量、未知性别个体数量,下同)只个体信息。现存栏 301 只(156.137.8)个体,分布于 31 家饲养机构,其中饲养有 10 只以上个体的机构有 6 家,20 只以上仅有 2 家:梧州市园林动植物研究所(梧州市黑叶猴保护研究中心)和南宁动物园,这两家饲养的黑叶猴合计占全国黑叶猴种群总数的 50.83%(图 2 - 3)。

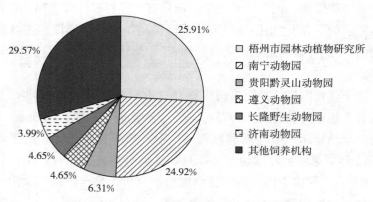

图 2 - 3　2023 年圈养黑叶猴饲养机构分布

(1)种群增长情况　由谱系数据分析表明,黑叶猴圈养种群从 1970 年左右建立,1978 年开始有圈养繁殖记录,1983 年之后,圈养出生数量超过了野外来源的数量。野外来源的黑叶猴数量从 2006 年之后持续下降。2006 年,黑叶猴圈养种群数量突破 300 只。2010 年之前,黑叶猴圈养种群数量增长迅速,2010 年之后,增速放缓,2010—2021 年维持在 340～350 只的规模,2022 年开始种群数量下降为 300 只左右。截止到 2023 年底，黑叶猴圈养出生数量占比达到 98.34％（图 2-4）。2014—2023 年的种群年平均增长率（0.007）对比建群以来（0.026），有明显下降。饲养机构数量也从 2014 年的 38 家减少到 2023 年的 31 家。2014 年以来，黑叶猴圈养种群中的雄性数量多于雌性数量，截止到 2023 年底，雄性占比达到 53％（图 2-5）。

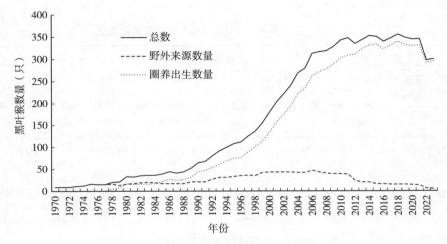

图 2-4　圈养黑叶猴种群数量变化（按照来源）

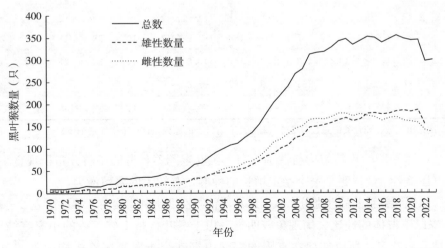

图 2-5　圈养黑叶猴种群数量变化（按照性别）

2014—2023 年，黑叶猴圈养种群增长率大部分年份在 0 上下波动，但

2022 年呈现明显的负增长（−13.9%）。雄性年增长率除了 2022 年明显下降（−18.2%）外，其余年份基本围绕 0 上下波动；但雌性年增长率大部分年份小于 0。从出生数量和死亡数量来看，雄性出生数量多于死亡数量，而雌性出生数少于死亡数量。从种群整体数据来看，出生数大于死亡数，但因有部分个体在这 10 年间被标记为丢失追踪或放归，造成了谱系簿整体种群数量下降（表 2−8）。

表 2−8   圈养黑叶猴 2014—2023 年种群数量变化

年份	饲养机构数量（家）	种群		雄性		雌性		出生数（只）			死亡数（只）		
		数量	年增长率（%）	数量	年增长率（%）	数量	年增长率（%）	雄性	雌性	总数	雄性	雌性	总数
2014	38	353	2.6	179	7.8	174	−2.2	23	7	30	10	11	21
2015	37	351	−0.6	180	0.6	171	−1.7	16	12	31	15	15	33
2016	36	340	−3.1	177	−1.7	163	−4.7	13	10	24	16	18	35
2017	35	348	2.4	179	1.1	169	3.7	15	23	40	11	11	24
2018	35	356	2.3	184	2.8	171	1.2	14	11	27	9	8	18
2019	36	349	−2.0	186	1.1	163	−4.7	16	7	25	11	10	24
2020	35	345	−1.1	183	−1.6	161	−1.2	16	9	29	11	13	33
2021	35	346	0.3	187	2.2	158	−1.9	17	10	28	11	10	22
2022	32	298	−13.9	153	−18.2	141	−10.8	14	12	30	27	13	41
2023	31	301	1.0	156	2.0	137	−2.8	12	9	28	9	13	25
合计								156	112	292	138	122	276

注：出生数、死亡数的总数与雄性与雌性之和有差距的原因是存在未知性别个体。

（2）种群的年龄结构与性别分布   黑叶猴圈养种群的年龄分布呈现金字塔形（图 2−6），说明是一个稳定增长的种群，有较大的繁殖潜力。

从黑叶猴目前的性别分布数据来看，整体性别比例略偏向于雄性（表 2−9）。10 岁以下群体的性比失衡现象较明显。由于黑叶猴是 1 雄多雌的小家庭结构，雄性冗余较多，所以如何在有限的空间内饲养全雄群是饲养机构面临的较大挑战。此外，幼体和年轻群体中雌性占比偏小对种群的繁殖潜力也有一定影响。

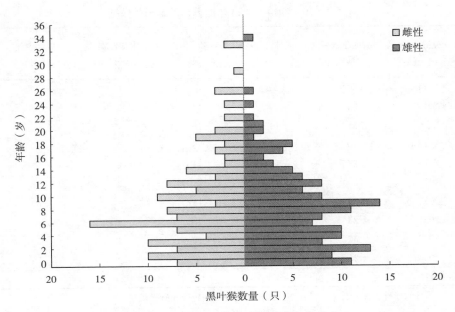

图 2-6 2023 年圈养黑叶猴种群年龄分布

表 2-9 2023 年圈养黑叶猴种群各年龄段性别分布

年龄	总数（只）	雄性（只）	雌性（只）	未知性别（只）	雄性占比（%）
0~1 岁	22	11	7	4	59
1~4 岁	61	30	27	4	52
4~10 岁	105	60	45		57
10~15 岁	64	33	31		52
15~20 岁	29	15	14		52
20~25 岁	12	5	7		42
>25 岁	8	2	6		25
合计	301	156	137	8	53

注：计算雄性占比时将未知性别个体数量平均分配到雄性和雌性数量中。

1978 年有繁殖记录以来，黑叶猴出生记录共有 827 只（416.381.30），其中雄性占比 52.12%，略高于雌性，性别比例基本平衡。2014—2023 年共出生黑叶猴 292 只个体（156.112.24），其中出生的雄性个体占比达到 61%，出生性比偏雄性明显，雄性占比最高的年份可超过 70%（表 2-10）。

表 2 - 10 2014—2023 年圈养黑叶猴出生数据

年份	出生总数（只）	雄性（只）	雌性（只）	未知性别（只）	雄性占比（%）
2014	30	23	7	0	77
2015	31	16	12	3	56
2016	24	13	10	1	56
2017	40	15	23	2	40
2018	27	14	11	2	56
2019	25	16	7	2	68
2020	29	16	11	2	59
2021	28	17	10	1	63
2022	30	14	12	4	53
2023	28	12	9	7	55
合计	292	156	112	24	61

注：计算雄性占比时将未知性别个体数量平均分配到雄性和雌性数量中。

（3）种群的死亡率与存活年龄 1970 年建群以来黑叶猴圈养种群的 30d 内死亡率为 6%，1 岁以内死亡率为 11%，考虑历史数据有缺失，特别是流产、死胎、新生仔死亡的数据很可能记录不完整，实际死亡率应该会更高。笔者将记录较完整的 2014—2023 年数据进行了统计，结果表明 30d 死亡率为 12%，1 岁以内死亡率达到 21%。

按照建群以来的数据统计，50% 的黑叶猴个体可存活至 13.8 岁，25% 的个体可存活至 21.2 岁，10% 的个体可存活至 29 岁；但以 2014—2023 年的数据进行统计，存活年龄均有所下降（表 2 - 11），50% 的个体存活年龄不到 10 岁。其中，雌性最大的年龄记录为 35.1 岁，雄性最大的年龄记录为 34.5 岁，均为梧州市园林动植物研究所的记录。

表 2 - 11 圈养黑叶猴死亡率与存活年龄数据

项目	建群以来			2014—2023 年		
	总体	雄性	雌性	总体	雄性	雌性
30d 内死亡率（%）	6（$n=790$）	8（$n=404$）	4（$n=386$）	12（$n=256$）	13（$n=146$）	11（$n=110$）
1 岁以内死亡率（%）	11（$n=763$）	13（$n=389$）	9（$n=374$）	21（$n=247$）	22（$n=140$）	20（$n=107$）

（续）

项目	建群以来			2014—2023 年		
	总体	雄性	雌性	总体	雄性	雌性
50%存活年龄（岁）	13.8	13.8	13.9	9.9	9.8	9.9
25%存活年龄（岁）	21.2	20.1	21.9	18.1	18.4	17.9
10%存活年龄（岁）	29.0	27.4	30.6	25.6	23.8	27.5
5%存活年龄（岁）	32.6	30.7	34.5	29.9	27.3	32.5
现存活最大年龄（岁）	34.0	34.0	33.5 （n=2）	34.0	34.0	33.5 （n=2）
最大年龄记录（岁）	35.1	34.5	35.1	35.1	34.5	35.1

（4）2014—2023 年黑叶猴出生与死亡统计　2014—2023 年共出生黑叶猴292 只个体，死亡 276 只个体，出生数与死亡数基本相当，出生率与死亡率之间无显著差异（图 2-7、表 2-12）。2022 年的死亡率最高，超过 10%（表 2-12）。死亡率偏高对种群增长有直接影响。

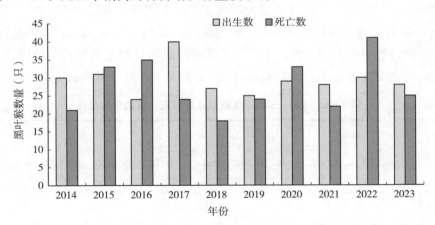

图 2-7　2014—2023 年圈养黑叶猴出生率与死亡率示意

表 2-12　2014—2023 年圈养黑叶猴出生率与死亡率统计

年份	出生数（只）	出生率（%）	死亡数（只）	死亡率（%）
2014	30	8.72	21	6.10
2015	31	8.78	33	9.35
2016	24	6.84	35	9.97

（续）

年份	出生数（只）	出生率（%）	死亡数（只）	死亡率（%）
2017	40	11.76	24	7.06
2018	27	7.76	18	5.17
2019	25	7.02	24	6.74
2020	29	8.31	33	9.46
2021	28	8.12	22	6.38
2022	30	8.67	41	11.85
2023	28	9.40	25	8.39
合计/平均	292	8.54	276	8.05

对 2014—2023 年圈养黑叶猴的死亡年龄分布进行统计（表 2-13），其中 4～10 岁之间死亡数占比最高，达到 28.26%。从性别分布来看，雄性死亡 138 只，雌性死亡 122 只，雄性死亡较多，雄性和雌性死亡占比最高的年龄同样为 4～10 岁；在 4～15 岁育龄高峰年龄段，雌性死亡数比雄性多，特别是 10～15 岁壮年育龄阶段，雌性死亡数比雄性多出 40.91%，死亡的雌性个体中有 56.56% 集中在 4～15 岁，这可能是造成育龄期性别比例失衡的原因之一。因此，当务之急是如何提高饲养管理水平，降低青壮年个体的死亡率。

表 2-13　2014—2023 年圈养黑叶猴死亡数的年龄分布

年龄	总数		雄性		雌性		未知性别	
	死亡数（只）	百分比（%）	死亡数（只）	百分比（%）	死亡数（只）	百分比（%）	死亡数（只）	百分比（%）
0～1 岁	62	22.46	30	21.74	17	13.93	15	
1～4 岁	20	7.25	12	8.70	7	5.74	1	
4～10 岁	78	28.26	40	28.99	38	31.15		
10～15 岁	53	19.20	22	15.94	31	25.41		
15～20 岁	31	11.23	18	13.04	13	10.66		
20～25 岁	12	4.35	6	4.35	6	4.92		
>25 岁	20	7.25	10	7.25	10	8.20		
合计	276	100.00	138	100.00	122	100.00	16	

（5）黑叶猴出生与死亡的季节性分布　从1970年建群以来的数据统计来看，圈养黑叶猴的出生没有明显的季节性，各月份均有繁殖，5—6月有一个略高于其他月份的繁殖高峰，与野外的黑叶猴相似（图2-8）。死亡数据中，1—11月的死亡数据没有明显变化（图2-9），12月有一个明显的死亡高峰，死亡数占比为18.81%。

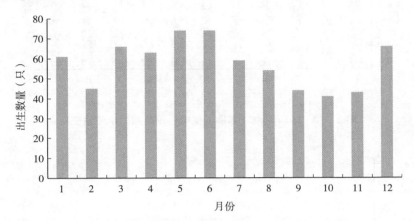

图2-8　建群以来圈养黑叶猴出生数的季节性变化

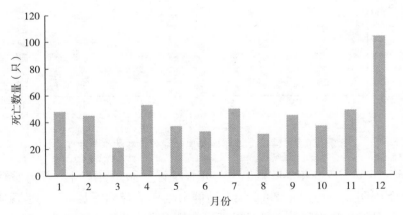

图2-9　建群以来圈养黑叶猴死亡数的季节性变化

从2014—2023年的数据统计来看，出生数的季节性分布与建群以来的类似，没有明显的季节性高峰（图2-10），但死亡数的季节性比建群以来的季节性更明显，19.48%的死亡个体集中在12月（图2-11），这可能与冬季树叶的供应紧张有较大关系。

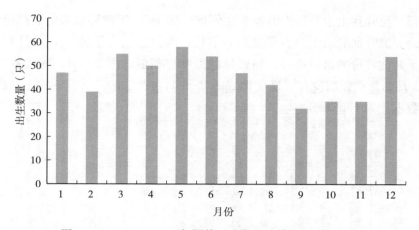

图 2 - 10　2014—2023 年圈养黑叶猴出生数的季节性变化

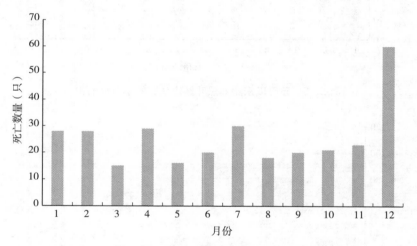

图 2 - 11　2014—2023 年圈养黑叶猴死亡数的季节性变化

　　(6) 2020—2023 年黑叶猴出生与死亡统计　2020 年以来,黑叶猴圈养种群出生下降明显,特别是 2022 年,种群出生率下降到不足 9%,呈现明显的负增长,种群数量也降至 300 只以下(数量下降明显的原因之一为部分动物被标记为丢失追踪)。2022 年的死亡率偏高,超过 11%(表 2 - 12,死亡率的计算已排除丢失追踪数据)。对 2020—2023 年的数据进行统计分析表明,死亡数 121 只(66.49.6)多于出生数 115 只(59.42.14)(表 2 - 14)。

　　黑叶猴圈养种群在 2020—2023 年的出生率均小于 10%,平均为 8.63%,雄性占比均大于 50%(表 2 - 13)。共有 15 家饲养机构有黑叶猴出生,出生 10

只以上的有 3 家机构：梧州市园林动植物研究所、南宁动物园、黔灵山动物园。

表 2 - 14　2020—2023 年圈养黑叶猴出生与死亡数据

年份	出生			死亡		
	出生数（只）	雄性占比（%）	出生率（%）	死亡数（只）	雄性占比（%）	死亡率（%）
2020	29（16.11.2）	59	8.31	33（19.13.1）	62	9.46
2021	28（17.10.1）	63	8.12	22（11.10.1）	52	6.38
2022	30（14.12.4）	53	8.67	41（27.13.1）	67	11.85
2023	28（12.9.7）	55	9.40	25（9.13.3）	42	8.39
合计/平均	115（59.42.14）	57	8.63	121（66.49.6）	57	9.02

注：计算雄性占比时将未知性别个体数量平均分配到雄性和雌性数量中。

黑叶猴圈养种群在 2020—2023 年的死亡率平均为 9.02%，高于出生率，其中 2022 年死亡率最高达 11.85%，死亡雄性占比除 2023 年外均大于 50%（表 2 - 14）。共有 25 家饲养机构有黑叶猴死亡，比有黑叶猴出生的饲养机构多 10 家。死亡 10 只以上的有 3 家机构：梧州市园林动植物研究所、南宁动物园、上海动物园，有 6 家机构因死亡或输出等原因已无黑叶猴。

2020—2023 年共 121 只黑叶猴个体死亡，对 89 只（54.31.4）有明确死因的个体进行分析，其中人工育幼死亡的 12 只（9.3.0），死亡率 80%，解剖多发现有肺炎症状；流产、死胎的 10 只（2.2.6）；新生儿死亡的 3 只（2.1.0，其中 1 只雄性和 1 只雌性为母亲弃仔）。

属于疾病等原因死亡的有 64 只：消化系统疾病（胃扩张、肠出血、肠梗阻、肠套叠等）的有 22 只（11.11.0），占比 34.38%；外伤的有 7 只（1.6.0）；肝肾疾病的有 6 只（3.3.0）；呼吸系统疾病的有 5 只（3.2.0）；恶性鼻部肿瘤的有 5 只（4.1.0）；流产、难产导致的雌性死亡有 4 只；其他死因有中暑、嗜血支原体感染、心肌炎、老龄等导致的器官衰竭等。

从死亡年龄来看，肝肾疾病、呼吸系统疾病偏年轻化，93.33% 为 12 岁以下个体；消化系统疾病的病例中，4～15 岁青壮年个体占比 59.10%（7.6.0）；难产、流产导致的死亡有 3 只为 15 岁以下的青壮年育龄雌性，占比 75%。

提高饲养管理水平，降低死亡率，应是今后有效提高黑叶猴种群增长率的主要工作。

3. 黑叶猴圈养种群遗传多样性

(1) 地理种群及混交、杂交情况　按地理来源，目前黑叶猴圈养种群有广西群和贵州群两个地理群，两群之间有少部分混交。群内也有小部分与白头叶猴的杂交后代，以及与河静乌叶猴的杂交后代（表 2 - 15）。其中来自广西群种的个体占 66.11%，但这部分黑叶猴群体中是否有混交或杂交个体、甚至其他乌叶猴属物种尚需要进一步确认。

表 2 - 15　黑叶猴圈养种群各地理群及杂交个体情况（只）

项目	广西群	贵州群	混交群	杂交个体		未知及其他
				白头叶猴	河静乌叶猴	
数量	199 (111.84.4)	25 (10.13.2)	17 (11.6.0)	6 (3.3.0)	9 (4.5.0)	45 (17.26.2)
种群总数			301 (156.137.8)			

受到捕猎和栖息地退化等因素的影响，在过去的数十年里，我国黑叶猴的野生种群数量迅速下降，由 20 世纪 80—90 年代的 3 500～3 850 只降至 2010 年的 1 660～1 700 只。其中广西尤其严重，由 2 200～2 500 只急剧下降至 300 多只（胡刚，2011），后经 15 年的强力保护才缓慢恢复到现在的 430～450 只（阙腾程等，2021）。

2012 年，国家林业局正式启动了包括黑叶猴在内的野生动物放归工程（阙腾程等，2021），由广西林业厅负责黑叶猴的野外放归项目。2017 年 11 月，首批共 6 只黑叶猴（属于广西梧州市园林动植物研究所）正式在大明山自然保护区放归，项目后续计划通过梧州市园林动植物研究所（梧州市黑叶猴保护研究中心）和南宁动物园圈养黑叶猴的分批放归，进一步扩大广西黑叶猴的野外分布，逐渐连接隔离的野外种群，使广西的黑叶猴种群得以恢复。因此，圈养种群的科学管理显得尤为重要。

黑叶猴圈养种群管理目的之一为野外放归，特别是广西已尝试启动放归项目，因此需要加强广西种源的圈养黑叶猴管理，特别是参与放归的核心群饲养机构梧州市园林动植物研究所和南宁动物园。近几年，这两家机构均已加强种源管理，将广西群与贵州群、混交个体、杂交个体分开管理。

需要注意的是，有小部分动物园将外形特征类似黑叶猴的其他乌叶猴属灵长类当作黑叶猴，目前经网络等渠道了解的有印支黑叶猴、老挝乌叶猴、河静乌叶猴，这部分动物的进一步确认需要得到饲养机构的配合，因此圈养黑叶猴的物种鉴别工作任重道远。

 黑叶猴组包括7种叶猴：黑叶猴、印支黑叶猴、德式叶猴、河静乌叶猴、老挝乌叶猴、白头叶猴、金头叶猴。其中与黑叶猴外表最相似的是河静乌叶猴（又称越南乌叶猴），两者非常容易混淆，造成杂交。从外表来看，两者成体均为通体黑色，两侧脸颊均有白色被毛；不同之处在于黑叶猴的白色被毛仅从嘴角延伸到耳后，而河静乌叶猴可以从耳后一直延伸到后颈部，且黑叶猴的白色颊毛在颧骨下方最长，形似胡须，但河静乌叶猴的白色颊毛从耳前方逐渐到嘴角缩短（彩图1）。两者的杂交后代与黑叶猴非常相似，很难通过外表鉴定；如实在无法通过外表进行区分，建议通过分子遗传学的方法进行鉴定。

 （2）遗传学指标 2023年，圈养黑叶猴种群的基因多样性保持在97.50%，广西群的基因多样性为96.68%，核心群（梧州市园林动植物研究所与南宁动物园，已除去混交和杂交个体）的基因多样性为96.42%。梧州市园林动植物研究所和南宁动物园的核心群占广西群的68.84%（表2-16），对圈养黑叶猴种群遗传多样性的保持至关重要。

表 2-16　2023年圈养黑叶猴种群遗传学指标

项目	全群	广西群	核心群
建立者（只）	61	44	41
存活黑叶猴数（只）	301	199	137
存活后代（只）	211.45	157.83	115.54
祖先已知率（%）	72	81	87
祖先确定率（%）	60	72	79
基因多样性	0.975 0	0.966 8	0.964 2
基因价值	0.974 8	0.966 8	0.964 4
平均亲缘关系值	0.025 0	0.033 2	0.035 8
平均近交系数	0.027 5	0.023 2	0.021 2
建立者基因等量值	20.04	15.06	13.95
建立者基因保存量	38.05	27.75	23.39

 全群、广西群和核心群的祖先已知率均不足90%，这主要是谱系信息中有较多个体的父母信息未知导致的，这对遗传多样性的计算以及后续的配对都有较大影响。

 （3）种群建立者分析 种群建立者指从资源种群（通常是野外）获得的个体，在种群中有存活的后代，和种群中的其他个体没有关系（除了它的后代）。如果所有种群建立者的后代数量相等，则可以最大限度地保持种群的遗传多样性。目前的圈养黑叶猴种群来自61只（39.22.0）建立者，但建立者的后代数很不均衡（图2-12），导致基因表现也有很大差异（图2-13）。

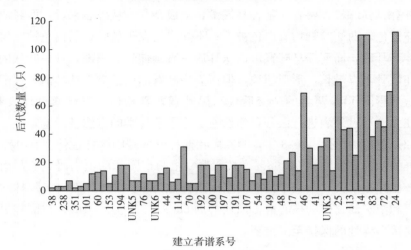

图2-12　圈养黑叶猴种群建立者后代数量

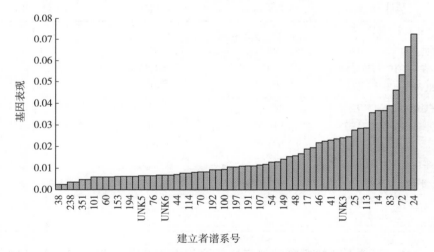

图2-13　圈养黑叶猴种群建立者基因表现

　　现存栏的种群建立者仅有4只（1.3.0）（表2-17）：南宁动物园的3只（≥30岁）建立者均为老年个体，年龄均为估计值，其中唯一的雄性建立者（53号）最近的繁殖时间为2023年9月24日，其他2只雌性均已多年未繁殖。梧州市园林动植物研究所的351号建立者来自遵义，为贵州种源，该个体及其后代已与广西群隔离。

表 2 - 17　圈养黑叶猴种群现存栏建立者

谱系号	性别	年龄	基因表现	后代数（只）	所在地	最后繁殖时间
40	雌性	33 岁	0.018 4	8	南宁动物园	2017 年 6 月 20 日
50	雌性	33 岁	0.019 6	11	南宁动物园	2018 年 11 月 11 日
53	雄性	33 岁	0.024 5	13	南宁动物园	2023 年 9 月 24 日
351	雌性	13 岁	0.004 9	2	梧州市园林动植物研究所	2018 年 6 月 17 日

（4）平均亲缘关系值与配对适宜度指数

①平均亲缘关系值（mean kinship，MK）　指一个个体和种群中所有圈养出生个体之间（包括它自己）亲缘关系的平均值。平均亲缘关系值越低，代表遗传价值越高。在针对种群管理制订繁殖计划时，一般选择平均亲缘关系值低于种群均值且差距较小的个体进行配对。圈养黑叶猴种群的平均亲缘关系值（MK）为 0.025 0，低于该均值的雄性数量和雌性数量均不足 50%；广西群的平均亲缘关系值（MK）为 0.033 2，低于该均值的雄性数量和雌性数量亦不足 50%（表 2 - 18）。

表 2 - 18　圈养黑叶猴种群中小于种群平均亲缘关系值的性别分布

项目	雄性		雌性	
	数量（只）	百分比（%）	数量（只）	百分比（%）
全群	65	41.67	67	48.91
广西群	51	45.95	39	46.43

②配对适宜度指数（mate suitable index，MSI）　指种群管理软件 PMx 计算出的一个数据指标，来显示这个繁殖配对对种群遗传学的利益和伤害。MSI 的计算综合考虑了：这对动物的平均亲缘关系值、雌雄动物平均亲缘关系值的差距、产生后代的近亲繁殖系数、后代对种群基因多样性的变化值、这对动物祖先未知因素的总量，从而大大简化了繁殖配对的决定。

MSI 共有 7 个刻度值：1、2、3、4、5、6、7，数值越小的配对对种群遗传多样性越有利，MSI=4 时，该配对所繁殖的后代对种群的遗传多样性是稍微有害。一般情况下，种群管理中，选择 MSI≤4 的配对。

PMx 对圈养黑叶猴种群中的 246 只个体（132 只雄性和 114 只雌性）生成了

配对表，占种群总数的 81.73％（84.62％的雄性，83.21％的雌性）。MSI＝4 的配对占比最高为 34.66％，MSI≤4 的配对占比合计为 43.19％（图 2-14），不足 50％，这可能与群内的建立者后代分布不均衡、平均亲缘关系值较高有关。

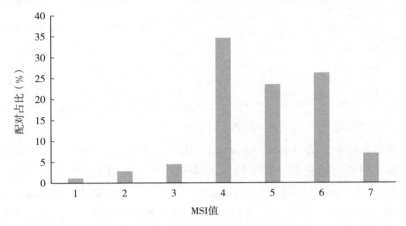

图 2-14　圈养黑叶猴种群 MSI 值分布

使用 PMx 对圈养黑叶猴种群中的广西群生成配对表，共 176 只个体（99 只雄性和 77 只雌性），占广西群总数的 88.44％（89.19％的雄性，91.67％的雌性）。MSI＝4 的配对占比最高为 45.11％，MSI≤4 的配对占比合计为 50.36％（图 2-15）。

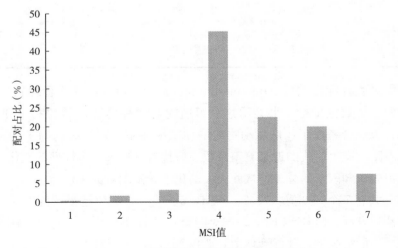

图 2-15　圈养黑叶猴广西群 MSI 值分布

4. 黑叶猴圈养种群管理目标

按照惯例，种群管理的长期目标是 90% 的遗传多样性保持 100 年。通过种群管理软件 PMx 预测，黑叶猴圈养种群按照近 10 年的种群增长率（0.007）等数据，可以在 100 年后保持遗传多样性 94.8%，第 85 年可以达到种群数量 500 只，但到第 20 年才能恢复到 350 只的种群规模；如将种群增长率提高至 0.015 5，则可以在第 10 年实现种群数量达到 350 只的目标。为了实现这个目标，未来 10 年需要的配对数量每年都要在 60 组以上（表 2-19），但是按照目前的育龄雌性数量为 103 只，以及生成配对表的雌性比例（83.21%）和 MSI≤4 的配对比例合计为 43.19%，最多只能有 36.76 组配对是符合要求的。因此在优化配对的同时，还需要降低死亡率，才能实现种群增长率的有效提高，从而早日实现种群数量达 350 只的目标。

表 2-19　圈养黑叶猴种群未来 10 年出生数与配对数

年份	出生数量（只）	配对数量（组）
2024	30.3	60.7
2025	30.6	61.1
2026	29.5	58.9
2027	31.1	62.1
2028	32.7	65.3
2029	32.4	64.8
2030	32.6	65.1
2031	33.3	66.7
2032	34.2	68.4
2033	34.0	68.1

5. 黑叶猴圈养种群管理存在的问题及建议

（1）繁殖群集中　目前的繁殖群主要集中在梧州市园林动植物研究所、南宁动物园等少数几家机构，有利有弊。利：对于技术成熟的饲养机构，有适合的气候和饲料，能保证黑叶猴成活率；弊：黑叶猴种群过于集中，有潜在的小种群风险。建议核心群之间应加强基因交流，提高种群的遗传多样性。

（2）有其他物种混入，存在杂交个体，影响谱系数据的准确性　建议对于可疑黑叶猴个体，各饲养机构通过外表特征或基因测序等方法确认物种归属；对于已经确认的杂交个体要隔离饲养，且不再参与繁殖；其他种的叶猴不再与黑叶猴混养，独立建立群体并进行标记。

（3）年轻群体性比失衡，部分饲养机构笼舍紧张　冗余雄性可分流到一些仅用于展示的动物园，既可满足更多动物园的物种展示需要，也可扩大动物饲养空间，条件成熟时，这些动物园也可以逐步纳入繁殖管理，从而扩大黑叶猴圈养种群的饲养规模。Yi 等（2023）选取了 1994—2021 年的黑叶猴圈养繁殖数据，分析了母亲年龄和胎次对出生性比的影响，结果发现：总体而言，出生个体的雄性占比为 55%，虽然雄性子代在数量上偏多，但与 50% 的雄性占比没有显著差异；母亲年龄和胎次对出生性比的影响并不显著；但在胎次较多的母亲中，出生性比发生了显著逆转：1～5 胎次的出生性比偏向雄性，6～10 胎次的出生性比偏向雌性。该研究认为，圈养雌性黑叶猴根据其繁殖经验调整了对后代性别的投资。因此，通过延长雌性个体寿命，提高繁殖率，增加雌性个体的繁殖经验，有可能会有效改善黑叶猴圈养种群性比失衡的现状。

（4）未知信息较多，影响配对计划的制订　因信息缺失、人员变动等，部分动物向上追溯到确切的野外祖先存在较大困难，对于来源不清的个体建议通过分子手段进行鉴定，确定在群内的亲缘关系。

（5）死亡率较高，种群增长缓慢　建议系统开展黑叶猴疾病和死亡原因调查，开展相关培训，提高圈养黑叶猴的饲养管理技术水平，提高繁殖率和繁殖成活率，有效降低死亡率，使圈养黑叶猴种群得到有效增长。

五、黑叶猴的行为管理

动物福利最直观的判断依据就是动物的行为表现，行为表现是动物生理或心理健康状态最直接、最先表达的信号（张恩权等，2018），动物园的一切工作都应围绕行为管理，以动物行为正常化、丰富化为目标。

（一）行为谱

行为谱是丰容效果评价的量化依据，也是开展行为训练的依据和前提。行为谱的制定可视为开展行为管理工作的基础。笼养黑叶猴的行为可分为觅食、移动、休息、玩耍、理毛和其他等（黄乘明等，2018）。何晓露（2023）

采用"姿势—动作—环境"（posture - act - environment，PAE）为轴心、行为生态功能为依据的 PAE 编码系统，对梧州市园林动植物研究所的笼养黑叶猴行为进行分类，并构建 PAE 行为谱，共记录 16 种姿势、98 种动作和87 种行为。并且按照行为的生理和生态功能，将 87 种行为分为摄食、排遗、调温、亲密、竞争、聚群、通讯、休息、运动、繁殖、异常和其他共12 种行为类型，这些行为类型被归为生存行为、社会行为、繁殖行为和稀有行为 4 类。

1. 生存行为

生存行为包括摄食行为、排遗行为和调温行为。

（1）摄食行为　指黑叶猴个体在笼养环境中采食所能获得的食物资源、捡拾食物、饮水和婴幼个体吸乳等行为，以及发生在采食期间的短距离移动。树叶的摄食行为有 3 种：握扯式、持嚼式和折枝式（详见第一部分黑叶猴的行为学）。

（2）排遗行为　指黑叶猴个体在食物消化后或遇到紧急情况时的排遗、排尿行为。

（3）调温行为　指黑叶猴个体为维持稳定的体温而做出的适应外界环境温度的一系列行为，如树干静息、内室静息等行为。

2. 社会行为

社会行为包括亲密行为、竞争行为、聚群行为、通信行为、休息行为和运动行为。

（1）亲密行为　指黑叶猴用来确定或维持个体之间亲和关系的行为，如挨坐、互相理毛和玩耍等行为。

（2）竞争行为　指黑叶猴个体之间由于冲突所发生的一系列撕咬、抓打和驱赶等行为。

（3）聚群行为　指多个黑叶猴个体通过特定的形式聚集，同时表现出相互联系和相互影响的行为。

（4）通信行为　指黑叶猴个体之间在家庭单元内或家庭单元外通过特定的动作、姿势和声音等传递信息的行为。

（5）休息行为　指黑叶猴个体在合适的环境中保持一定的姿势，未发生位置的改变，包括坐或趴着睡觉、自我理毛等。

（6）运动行为　指黑叶猴个体通过活动四肢来完成身体位移的行为，如行走、攀爬、追逐、跳跃和奔跑，但不包括采食期间的短距离移动。

3. 繁殖行为

繁殖行为指黑叶猴个体为繁衍后代所进行的一系列生理活动的行为，如邀配、交配、产仔和哺乳等行为。

4. 稀有行为

稀有行为包括异常行为和其他行为。

（1）异常行为　指与在自然环境下相比，黑叶猴个体在人造环境中做出的不正常行为，如晃动头、摇晃身体等刻板行为。

（2）其他行为　指黑叶猴个体之间为寻求舒适而发生的一些频次较低的行为，如挠痒、自我清洁以及舔舐墙壁等行为。

（二）丰容

丰容是指圈养条件下改善动物生活环境和提高动物生活质量的技术工作，也就是饲养环境与展出内容的丰富化。美国动物园和水族馆协会（AZA）在1999 年对丰容的定义是："丰容是基于动物生物学特性和自然史信息而不断提高动物圈养环境和饲养管理技术的动态进程。丰容通过改善圈养环境和提高饲养管理实践水平来增加动物的选择机会，使动物有机会表达具有物种特点的自然行为和能力，保持积极的福利状态。"

丰容是一个动态过程，通常情况下，丰容关注怎样通过改变圈养动物的生存环境来满足动物的自然习性，关注采取适宜的丰容措施来增加动物行为的选择性，减少异常行为的发生，同时提高动物对环境变化的适应能力。通过丰容，动物有机会表现出更多的行为类型和选择性，因此不少专业人士认为可称之为行为丰容。丰容可划分为五大类：食物丰容、物理环境丰容、感知丰容、认知丰容、社群丰容。事实上，这五大类彼此之间没有严格的划分界线，可以混合应用（徐正强等，2014）。任何一个丰容项目都可能具有跨类别的多个功能。

食物丰容主要是增加取食难度和食物多样化，包括供给种类多样且富于变化的食谱、特制的喂食器、分散投喂、将食物藏在垫料中等（彩图 9 至彩图 12）；物理环境丰容包括模拟野外环境以及为增加动物运动量而设置的假山、爬架、绳梯、吊床等（彩图 13、彩图 14）；感知丰容包括触觉、嗅觉、听觉和视觉等的丰容，如毛绒玩具（人工哺育用）、非日常投喂的有气味的食物、碰撞可发出声响的物体、附近笼舍动物的叫声和气味等；认知丰容包括新奇体验、训练等，如益智喂食器、行为训练等；社群丰容有群居、不同种叶猴混养（无法找到同类个体陪伴时，可引入同性别的非同类个体）、引入新个体或被引入新群体中等。黑叶猴是典型的群居灵长类动物，相互理毛是非常重要的社交手段，特别是冬季，有拥挤在一起取暖的行为，因此建议每笼饲养至少 2 只以上的黑叶猴，以满足其社会交往等需求。

丰容计划应以一定的生物学知识为基础，包括以下几个要素：目标制定、计划和实施、记录保存、评估、修正。在环境丰容的过程中要保证丰容设施的安全性，要定期更换丰容设施以防止动物习惯化（AZA，2012）。

动物福利只与动物个体有关，作为提高动物福利措施之一的丰容，也必须以提高动物个体福利水平为目的。因此丰容计划的制订应以动物个体为对象，在制订计划之前，详细了解该动物个体的生长经历、生长环境、健康情况、个性、偏好等。例如，是否是人工育幼个体、是否有过刻板行为、是否曾经从展区逃逸、是否有对特殊时间的恐惧等（张恩权等，2018）。各饲养机构可以根据实际情况，结合动物个体特点，多多实践，建立丰容项目库，并不断扩充项目库内容，定期轮换不同的丰容项目（详见附录 3）。

黑叶猴是群体动物，丰容也要考虑社群中社会地位对丰容效果的影响。提供丰容设施时，注意做到分散提供，保证丰容设施数量一定多于社群中动物个体的数量，并提供充足的隐蔽空间和便捷的逃逸通道，避免由资源竞争引发的过度攻击行为（张恩权等，2018）。

在引入和安置丰容物品前要做好计划，同时考虑丰容的安全性；在实施任何新的丰容项目之前，都要进行风险评估，并将丰容设施纳入日常安全检查制度。例如，某些黑叶猴喜爱度较高的食物，可能会引起争斗；悬挂的空箱子和摇晃的绳索有可能会伤害打斗中的黑叶猴，绳索可能会缠绕黑叶猴等。在正式使用丰容物品前，应回答以下几个问题（AZA，2012）：动物是否会吃掉丰容物品？是否有毒（对于叶食性灵长类动物来说，嫩叶已经是其饲料的一部分，而不仅仅只用于丰容，所有的嫩枝和嫩叶在饲喂前应检查是否对动物有毒以及有无农药等化学残留）或者可能因吞咽造成窒息？是否会对动物本身造成伤害？是否会造成缠绕、窒息或者其他影响动物的事情？是否会划伤动物皮肤或伤到骨头？是否会传递病菌？是否舒适？是否会被动物扔掉？动物会不会从丰容物品上掉下来？是否安置在了可能使动物逃逸的位置？是否会给整个社群带来危险？能否避免集群或打架？是否会造成动物焦虑和压力？

悬挂式的丰容物品应至少每月检查一次，绳索松散如不及时处理，可能会造成黑叶猴被缠绕而窒息，已有动物园出现这样的死亡案例；喂食器的尺寸要合适，应让黑叶猴的手指或手掌自如进出；所有新奇的丰容物品在第一次引入时都要做好检查以确保其安全性；幼仔有可能会将一些小物品放入口中，当群体中有幼仔时要及时清理这样的小物品。

所有丰容项目都要经过"设计—执行—评估—改进"的运行过程才能进入项目库。每个丰容项目在运行之前就应该制订评估计划，并将丰容前行为作为丰容后行为的对照基准，丰容前后和实施过程中，收集行为数据，通过统计学方法来确认丰容项目是否达到了预期目标：动物表达更多的期望行为，或减少了非期望行为。

（三）行为训练

行为训练既是认知丰容，也可以视为社群丰容中的一个重要组成部分，即为训练员与动物之间进行的互动与学习。行为训练是为了能让动物更好地适应人工圈养环境，增进人类与动物之间的关系，提高动物的生活质量，进而提高动物福利。现代动物福利理论认为，行为训练的最终目的是让圈养动物处于积极的福利状态，通过对动物的心智刺激、体能锻炼和强化合作行为，增加动物期望行为的发生频率，也能让训练员与动物之间建立良好的信任关系。

1. 行为训练目标

行为训练可以有效提高日常饲养管理的效率；有时也能很好地解决饲养管理中的难题；可以通过动物自然行为的展示，提高管理人员和游客的认知，实现良好的科普教育目的；可以提高动物治疗时的配合度，减少其恐惧与压力。提高动物福利是动物园从业者的共同目标与准则，因动物个体的差异，行为训练的目的也应结合动物的实际情况而定。训练开始前要了解所训练动物的健康状况、性格、病史等，有针对性、目的性地对动物进行训练。黑叶猴行为训练目标一般分为饲养管理目标和医疗训练目标。

（1）饲养管理目标　通过行为训练有助于改善饲养管理水平。例如，串笼训练，其在日常清扫笼舍时可以减少黑叶猴的防范心理，提高工作效率；当黑叶猴因受伤等情况需要隔离时也有助于第一时间采取措施；也有助于对黑叶猴进行转移；有助于与黑叶猴建立信任，使黑叶猴愿意在训练员面前进行展示，以使训练员及时发现黑叶猴的异常表现。称重训练，通过称重可以了解黑叶猴的饮食与健康状况。和谐取食训练，可以减少抢食行为，保证黑叶猴妊娠及产仔时的营养需求。黑叶猴在野外通常以一雄多雌的小家庭模式生活，在圈养条件下应尽可能模仿这种社群方式，这时和谐取食训练就显得很重要。通过和谐取食训练来肯定首领黑叶猴的地位，让首领黑叶猴默许其他个体采食，也是改善社群关系最有效的技术手段。

（2）医疗训练目标　医疗训练即与医疗相关的行为训练。例如，心率测定、肛温测量训练，通过训练能获得黑叶猴健康状态下的心率、肛温数据，通过数据的累积可以了解黑叶猴健康时的情况，为疾病诊疗时提供参考。肌内注射训练，在黑叶猴需要肌内注射治疗时，能减少吹针带来的应激，但黑叶猴生病时也不一定会配合；采血训练（彩图 15 至彩图 17），可以收集健康状态下黑叶猴的血液指标，为疾病诊疗时提供参考，其最大的意义在于进行常规体检，有助于尽早发现黑叶猴的健康问题，提高疾病治愈率，切实提高黑叶猴在圈养条件下的福利水平。

2. 行为训练原理

现代行为训练原理主要包括经典条件反射及操作性条件反射原理，主要通过正强化的方式进行训练。

（1）经典条件反射　是由苏联著名的生物学家巴甫洛夫提出的。他通过观察犬的唾液分泌，提出将一个原是中性的刺激与一个原本就能引起某种反应的刺激相结合，从而使动物学会对中性刺激做出反应，这就是经典条件反射的主要内容。经典条件反射具有获得、消退、恢复、泛化四个特征。经典条件反射的原理主要运用于训练初期，建立桥接训练的时候。

（2）操作性条件反射　是美国心理学家斯金纳在 20 世纪 30 年代根据他所设计的"斯金纳箱"开展相关实验研究后提出的。在他设计的箱子里，小鼠可自由活动，但如按压到指定按键，就有食物掉入箱内。他的实验证明动物的学习行为是随着一个起强化作用的刺激而发生的，所以称为操作性条件反射。操作性条件反射有反射建立和反射消退两种模式。操作性条件反射的原理主要应用于桥接训练之后的一系列训练中。

3. 正强化训练

强化是最重要的行为学习原理，无论是经典条件反射还是操作性条件反射，强化都起决定性作用。正强化行为训练是通过正向刺激增加期望行为发生频率的过程。正向刺激即为强化物，一般分为初级强化物和次级强化物。在黑叶猴正强化训练中，主要采用初级强化物，如花生、香蕉等黑叶猴喜食度较高的食物。

4. 行为训练方法

行为训练的方法多种多样，其选择与运用也会因人而异，可以采用一种或多种方法同时进行训练，但是和动物建立良好的信任关系是前提。桥接训练是基础，通过食物与桥接信号的多次配对，让动物明白桥接信号如口哨、响片的含义，为以后的行为训练奠定基础。在黑叶猴行为训练中，主要采用的方法有脱敏、引诱、塑行和行为捕捉。

（1）脱敏　该方法贯穿在整个行为训练过程中，通过脱敏可以减少陌生事物与人员给动物带来的恐惧与压力。在刚开始建立信任时，训练员对动物来说也需要脱敏。开始时，训练员站在动物旁边会使动物不敢靠近采食，此时训练员可先远远观望动物，然后逐渐缩短和动物之间的距离，让动物习惯训练员的存在，以此实现动物的脱敏。对于初次出现的目标棒，动物的反应也是有差异的，此时对于因害怕目标棒而后退的动物个体就要先进行脱敏，可先把目标棒静置在动物的视线范围内，再慢慢缩短目标棒与动物之间的距离，直到靠近动物。陌生物品的出现都需要脱敏，让动物有时间去探索和适应。

（2）引诱　该方法在动物期望行为发生前使用。例如，串笼训练中，事先在笼子里放食物，动物在食物的引诱下会进入笼内；在采血训练动物伸手握采血架的初期，通过在训练架上放强化物来诱导动物伸手，可以加速训练进程。虽然引诱能有效导致期望行为的出现，但最后还是要取消引诱计划。应在诱导动物发生期望行为后发出桥接信号，给予其比引诱更多的强化物来进行强化。

（3）塑行　该方法是多种训练方法的组合应用。当期望行为过于复杂时，直接依靠单一的行为训练方法难以达到目的，此时就需要将期望行为分解为多个小的部分，然后将每个小部分结合起来以达到最终的期望行为标准，这个"拆分和组合"的过程就是塑行（张恩权等，2018）。例如，动物肌内注射训练，可以拆分为目标棒触碰臀部、臀部主动靠近、注射器针帽触碰臀部、钝针触碰臀部、钝针按压臀部、尖针触碰臀部、尖针刺入臀部，使行为训练朝肌内注射目标一步步推进。

（4）行为捕捉　是指当动物出现期望行为时要及时给予强化。出现期望行为的过程可能会很短暂，因此要抓住时机，如训练动物称重时，捕捉动物手不抓网而四肢都在地磅上的行为。有时行为捕捉可以节省很多训练时间。也有些行为训练只能通过行为捕捉进行。

训练员在训练过程中注意力要高度集中，在保护自身安全的同时要克服恐惧心理。当训练员的行为违背动物意愿时，应重视动物给予的警示并停止该行为，高度关注动物的一举一动，降低被动物抓伤、咬伤的风险。训练动物不是一朝一夕的事，需要长期坚持，并保持耐心与爱心。训练员与动物间进行的是无言语的沟通，因此让动物领会训练员的意图并非易事，只有充分体谅动物的处境，才可以更好地理解训练过程中动物出现的行为。

5. 行为训练计划

在对黑叶猴进行行为训练前，首先要明确训练目标及所需要达到的结果，制订合理的训练计划，并在训练过程中根据实际情况调整训练计划。由于动物个体差异大，达到同一训练目标的时间往往是不一样的，所以在训练中应做好记录，以便回顾训练过程，同时应在训练中不断观察、思考、调整，直至达到训练目标。

综上所述，应根据黑叶猴不同的训练目标制订相应的训练计划，如定位训练、串笼训练、肌内注射训练、采血训练（详见附录4）。

六、黑叶猴的操作

（一）个体识别与雌雄鉴别

目前适用于黑叶猴的个体识别方法以植入式电子芯片为主。国家林业局从2008年开始推广野生动物植入式芯片技术，并制定了《活体野生动物植入式芯片标记技术规程（试行）》。该规程规定芯片代码只能一次性赋予某一动物个体，不能重复使用。叶猴的芯片应注射入左前臂内侧中央皮下，注射后应马上用芯片阅读器扫描确认，并做好"活体标记野生动物个体信息表"的记录（附录5）。幼仔应在断奶离开母体或90日龄至1岁时进行芯片注射。成年个体可以随时进行芯片注射，但应避开：①发情、妊娠、哺乳等特殊生理时期；②严重伤病时期；③气候和环境极度恶劣时期。每次动物保定或转移时，应对芯片进行扫描确认，如发生游移，应记录芯片所在的最新位置；如发生丢失，应及时补充注射，并做好记录。注射芯片后1~2周内应观察标记部位是否有炎症、脱毛等异常情况发生，以便及时处理。标记员应当具备兽医专业技术职称或资格，有2年以上兽医实践经验，并接受过有关部门组织的活体野生动物植入式芯片标记技术培训。

黑叶猴雌猴自出生起即在会阴区至腹股沟内侧有一块花白斑，略呈三角形，这是区别雌性与雄性的主要外部特征之一（彩图18、彩图19）。初生幼仔除尾巴呈灰黑色外，其余体毛呈金黄色，1～3月龄后逐渐向黑色转变，到1岁左右转变为黑色（潘汝亮等，1983；黄进同等，1983；李明晶，1995；马强等，2004）。

（二）常规操作

1. 饲养工作日程

因黑叶猴具有特殊的生理特征和行为习性，所以应制定专门的饲养工作日程，包括日常饲喂（饲喂的食物种类、时间、方法、饲喂量等）、清扫、记录、消毒等工作内容。并对保育员进行岗前培训，强调严格按照饲养工作日程开展日常工作。

2. 安全操作规程

黑叶猴性情温顺，不具有很强的攻击性，但在发情期和繁殖期，雄性黑叶猴为了保护自己的小家庭，会有较强的攻击倾向。黑叶猴常见的攻击行为有踢踹、抓咬等。因此，应制定相应的安全操作规程，并对保育员做好岗前安全培训，使保育员熟悉黑叶猴攻击前的表情和行为信号。有条件的情况下，保育员应尽量进行隔离操作；如不具备隔离条件，同笼操作也应时刻关注黑叶猴动向，避免与黑叶猴直接对视，发现异常应及时退出笼舍。

（三）捕捉与保定

1. 捕捉与保定的方法

常用的黑叶猴等灵长类动物的捕捉与保定方法有串笼训练、网捕、驱赶或化学保定等。网捕对动物和保育员来说具有挑战性和危险性，也会给动物带来很大的压力，应尽量避免使用，或作为最后的手段。

（1）捕捉与保定前准备　捕捉前要制定方案，安排好相关人员，确定好每个人的职责，并准备好捕捉所需的工具。如果是捕捉单个动物，要预先将动物关入过道或方便捕捉的笼舍内。需要麻醉的动物要提前和兽医进行沟通，确定麻醉时间，在麻醉前12h开始就要对动物禁食禁水，以防在麻醉过程中动物的呕吐物堵塞呼吸道，导致其窒息。

（2）常用工具　串笼、食物、网、吹管、扫帚等。

（3）常用捕捉与保定方法

①动物训练串笼　此方法是最理想、动物应激最小的串笼方式，但过程较长。串笼动物需经过动物行为训练才可以通过训练员的指令进出串笼。该方法适

用于绝大多数经过串笼训练的灵长类动物，也是目前动物园必须开展的工作之一。

②食物引诱串笼　在动物日常饲养管理过程中，先将串笼安放于动物所饲养的环境之中并加以固定，可以打开串笼让动物能够自由进出。串笼内放置食物，消除动物对串笼的恐惧心理（脱敏）并逐步适应。当需要串笼时，保育员可将准备好的食物置于串笼的远端，同时安排一人关门，其余人员疏散并保持安静，待动物进入串笼后关门人员应立即关闭串笼闸门，且闸门的门缝处可垫放一小木块（30mm×50mm）以防夹伤动物的尾巴。动物进入串笼后立即取出小木块，关闭和锁住闸门。

③驱赶串笼　中小型灵长类动物一般都比较惧怕网兜，所以需要安排一个关门人员适时关门。关门人员应隐蔽并听从统一指挥，按照指令一鼓作气地发出最大的声响，以恐吓动物进笼，然后再按照指令关闭串笼的闸门。该方法适用于群体中多只动物的同时串笼，但对于动物的伤害较大，且动物可能会出现较强的应激反应。在准备串笼时，需在串笼内的远端放置柔软的厚纸板或泡沫塑料，以减轻动物应激时因不断冲撞串笼而引起的损伤。

④徒手捕捉或网兜捕捉　操作人员可徒手或手持网兜对动物进行捕捉。徒手捕捉时需胆大心细、眼明手快，找准动物的弱点如尾巴等。操作人员抓住动物的尾巴后，让动物前肢抓住攀爬的物体，用右手抓握动物的后脑两侧，随后将动物置于串笼中。用网兜捕捉动物时需看清动物的运动路径，寻找其中的规律并预估路径，适时伸网套捕。当动物进入网兜后可将网兜反扣并直接置于串笼口，将网兜提起使动物进入串笼。亦可用脚踩住网柄，用手隔网保定动物后置于串笼。该方法对动物亦有伤害，且不适用于危险性较高的灵长类动物。

⑤麻醉　该方法是前几种方法都无法实施的情况下所采取的措施，适用于凶猛且不可接触的灵长类动物。动物麻醉前12h须禁食禁水，以防在麻醉过程中动物的呕吐物堵塞呼吸道甚至导致窒息。麻醉应由有经验的兽医组织并实施。一般先将动物控制在相对较小的空间内以便兽医实施吹管麻醉。在动物麻醉倒地后不可马上移入笼舍，应先使用较长的竹竿或铁棒试探性地触碰动物以确保其完全失去行动能力后方可移入笼舍。移入笼舍后应使用编织网兜抬起动物转移至串笼或运输笼内。在麻醉过程中必须时刻留意动物的生命体征，如有异常须即刻实施抢救等措施。

⑥动物过笼　当动物完成串笼后，将动物从串笼中转移至运输笼的过程称为过笼。如运输笼设计合理，可直接将运输笼视同于串笼使用。当运用动物训

练串笼、食物引诱串笼、捕捉、麻醉方法进行动物串笼时，可以直接运用设计合理的运输笼进行动物串笼，这样可省略过笼的步骤。时至今日，动物园在设置笼舍时应充分考虑动物的输出和输入，应按照笼舍的规格配套建设相应的串笼、运输笼以及其他设施，方便日后的操作。在条件不允许的情况下，可使用串笼对接运输笼的方式进行动物的过笼，在操作过程中须注意两个笼子对接口的空隙，以确保动物无法从空隙处逃脱。动物过笼一般适用于一个运输笼同时装载多只动物时使用，但是对于凶猛或不易于接触的动物，在过笼过程中通常直接使用运输笼。

2. 挤压笼的应用（以南京红山森林动物园为例）

挤压笼，又称压缩笼，指一类可通过伸缩来改变空间大小，从而限制笼内动物活动的金属笼（《动物园术语标准》，2016）。

（1）适用范围　除鸟类以外的其他动物均可设计相应规格和材质的不同压缩模式的挤压笼，以限制其活动，便于医疗检查、行为训练或者短途运输。本书中的挤压笼可用于中型灵长类动物（如黑叶猴、金丝猴、长臂猿、猕猴等），也可用用于小型猫科动物（猞猁）以及幼年的猛兽类（如亚成体狼）等。

（2）材质　适用于黑叶猴的挤压笼一般要求使用全不锈钢（304不锈钢）材质，不锈钢方管直径不得低于12mm，管壁厚不低于1.0mm；圆管的直径不得低于6mm。

（3）大小　适用于黑叶猴的挤压笼一般为长方形，长不低于100cm，宽不低于90cm，高不低于80cm。

（4）设计要求　一般后门采取活动面框，前门为上下开启的提升门，采用后门压缩的模式。要求前提升门及后活动面框均能上锁且固定牢固。若需要将该挤压笼用于患病动物的临时饲养时，需要提供便于固定和拆卸的水盆和食盆，同时要求在笼底部提供可拆卸的漏缝底板和可移动粪便盘，且便于清洗和消毒。要求所有的焊点为满焊，不建议使用螺丝等结构。为了保证操作人员的安全，要求笼网（栅栏）的间隙不能大于4cm。

（5）使用方法　先开启前门（提升门），使用训练或者麻醉的方法使动物进入挤压笼，待动物进入挤压笼后关闭前门，然后上锁并固定牢固后，将挤压笼转移到方便的场所进行操作。

南京红山森林动物园中型动物挤压笼如图2-16和彩图20所示。

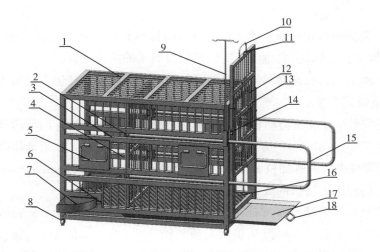

图 2 - 16 南京红山森林动物园中型动物挤压笼示意

1. 笼体 2. 滑轮 3. 活动面框 4. 轨道 5. 手柄 6、14. 插销 7. 可拆卸水槽 8. 万向轮
9. 可折叠输液架 10. 门把手 11. 锁孔 12. 观察窗 13. 提升门 15. 推拉杆 16. 底面栏板
17. 粪便盘 18. 托盘把手

（四）运输

灵长类动物的运输基本分为陆运和空运（相关要求及运输笼的制作、设计均各有不同），具体取决于所运输动物的种类、健康状况等因素，同时还需要考虑运输季节、路程长短的影响，尽可能选择最好的运输方案，保证动物能够快捷安全地抵达目的地（徐正强等，2014）。

1. 运输前准备

（1）动物的选择 按照动物需求方提出的要求选择合适的动物个体（原则上年老体弱、哺乳期以及妊娠期的动物不建议运输）。确定所需运输的动物后，目测其毛色、活动、食欲、排泄情况，了解该动物的饲养环境、病史、疫苗接种情况、年龄、性别、饲料、发情状况、生育状况，以及该动物的谱系、埋标号码，并以书面形式整理成资料。随后对所运输动物的健康状况做初步了解，以备制定运输途中的应急预案。

（2）办理相关证明 督促或协助办理陆生野生动物或其产品出省运输证明、动物及其动物产品运输工具消毒证明、出县境动物检疫合格证明。

（3）选择运输笼 根据所需的运载方式（空运或陆运）及动物的种类、体型大小，制作合适的运输笼。

（4）准备饲料和维修工具　根据运输的路途长短（陆运）、天气情况，途中需准备动物正常日喂食量 1/2 的饲料以及简单的维修工具。

（5）确定人员　选择对所运输的动物较有饲养经验的押运人员负责押运。

2. 运输笼准备

黑叶猴等中型灵长类动物的运输笼材料可以使用木结构，内覆薄铁皮。箱体框架为 30mm×40mm 的方条。箱体覆盖 10mm 厚的夹板，如果动物破坏性较强，则需要在夹板内侧加覆薄铁皮，观察窗安装 20mm×20mm×2mm（长×宽×厚）的编织方格铁网或钢网。

运输笼箱体的尺寸为 65cm×50cm×60cm（长×宽×高），保证动物在笼内可以转身，坐着时不碰撞箱顶（头顶与箱顶要有 20cm 间距）（图 2-17）。运输笼闸门要装固定锁，动物串笼后闸门应锁定。观察窗应根据动物的特征和气温用单层麻布遮挡，以减少对动物的干扰，也能起到挡风的作用。如要增加通风可在箱体两侧开透气孔，孔径为 18mm。箱体底部建议用方格网，下有积水盘，以便收集动物的排泄物。箱内应有固定好的食盘和水盘，并在运输前添加适量的饲料和饮水。

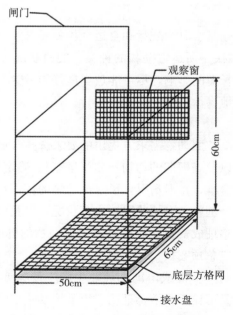

图 2-17　中型灵长类动物运输笼示意

3. 运输方式及注意事项

（1）陆运　一般选择在春、秋季进行，因春、秋季的气温较为适宜。运输前须制定相应的路线并掌握运输工具的规格如车门或车厢的尺寸，便于运输笼的装卸。在完成动物串笼之后方可进行陆路运输。装载动物运输笼时必须注意运输笼通风口不可朝向风口的位置，一般靠近车头处安放。在装载运输笼后需再次确认动物运输的有关证件及材料，并准备好必要的工具（榔头、铁丝、老虎钳、油布等）。出发后须告知动物接收方运输的路线及大致抵达时间。运输过程中须时刻注意天气及动物的状况，如出现下雨等情况应及时使用油布遮盖运输笼。在运输过程中如出现异响、震动，须及时观察和处理。在运输途中如押运人员需要就餐，运输动物的车辆必须停在押运人员视线以内，防止闲杂人员接触动物。如运输路途较远，必须给动物添加饲料和饮水。快要到达目的地时，再次与动物接收方进行联系，确认路线和地点，或可让动物接收方对路线进行指引。到达目的地后，首先确认动物的状况并进行相关材料的交接；然后通知动物提供方已到达目的地，动物交接结束。

（2）空运　适用于路程较远的情况，一般陆运时间超过一天时使用空运运输。空运动物的运输笼底部要有托盘。制作运输笼时要考虑所承运飞机的机型以及货舱门的规格。确定使用空运后在启运前应与机场货运部门联系，根据所运输动物的数量、运输笼的规格及质量来申请舱位和确定航班，并告知动物接收方具体的航班号。

（3）注意事项

①动物运输尽量选择温度适宜的季节进行。

②运输前必须携带陆生野生动物或其产品出省运输证明、动物及其动物产品运输工具消毒证明、出县境动物检疫合格证明。

③根据不同动物的个体特征选择合适的材料来制作动物运输笼。运输笼要求轻便坚固，以确保运输途中的安全。

④运输前在运输笼内添加少许动物饲料。

⑤启运前及到达目的地后应注意观察动物的状况。

（五）安全

与黑叶猴有关的安全事故主要有：保育员被攻击（踢踹、咬伤、抓伤等）、杀婴行为、黑叶猴之间的攻击致伤、笼舍设施导致的黑叶猴死伤、游客被抓伤、因游客投喂导致黑叶猴发生伤病等。针对这些情况，可以从以下几个方面进行防范。

1. 熟悉黑叶猴的威胁行为和攻击行为

（1）威胁行为　黑叶猴威胁行为的出现预示着其可能发生攻击行为。如果被威胁者表现屈服，则事件到此结束，否则事态可能恶化。黑叶猴威胁行为的一般动作模式是：威胁者头向前倾，瞪眼，眉毛上挑，嘴紧闭，两手撑地准备追赶和抓打，或者一手撑地另一手举起做出准备打的姿势；有时威胁者发出"嚯嚯"的声音。如威胁行为是针对保育员的，则保育员应立即停止操作，面向黑叶猴的同时后退并适时锁好笼门。如威胁行为是针对同笼个体的，则保育员应在笼外做好观察，并准备好应急措施。

（2）攻击行为　多发生在采食过程中，主要是高等级的个体为了抢夺食物而追赶甚至追咬低等级的个体。这种因食物而引起的攻击行为可通过多点投喂、定位等行为训练的方法加以改善。

2. 笼舍安全

为了避免相邻笼舍的雄猴相互争斗致伤，建议相邻笼舍的围网之间保持一定的间距，间距大小视网孔的大小或黑叶猴手臂穿越网眼的距离而定，但即使网眼小于1cm×1cm，也要至少间隔10cm，以避免黑叶猴隔笼咬伤其他个体的手指。

雄性黑叶猴为宣誓自己的主权，会有大力踢门、踢笼网等制造巨大声响的行为，因此门、笼网、围墙、玻璃等笼舍设施应使用较高强度和韧性的材料，并经常检查有无破损、变形。

应定期检查笼舍内的丰容设施，如有破损或尖锐物，应及时处理或更换。特别应注意绳索等设施，已有动物园发生黑叶猴幼仔被散开的绳索末端缠绕致死的案例。笼网、墙面、地面等不能有尖锐的突起物，如铁钉、铁线头等，铁网、钢网破损后的裸露处应及时处理，以免刮伤动物。

笼舍内的缝隙如栖架的间距应足够大，以不卡住新生幼仔的头和脖颈为宜。

3. 保育员安全

为防止人兽共患病的传播，保育员应做好个人防护，如进笼操作前更换专门的工作服、手套、口罩等，进出笼舍的通道应设有消毒池。此外，保育员入职前应进行健康检查，如患有肺结核、乙肝等传染性疾病，则不适合直接接触动物。保育员在患有感冒等疾病时，也应减少与动物的直接接触或佩戴口罩，以免将病原传染给动物。

应建立保育员培训考核机制；在新入职保育员正式上岗之前做好安全培

训，并指定经验丰富的保育员进行"传、帮、带"，经正式考核合格后，方可独立操作。

4. 动物安全

黑叶猴群体内如有雌性处于妊娠后期、分娩期或有未隔离的幼仔，则不建议引入新的成年雄性，以免发生杀婴行为。

如需引入新的个体或重引入，具体操作参考第二部分中引入与重引入的相关内容。引入后的前几天应密切关注动物行为，并随时做好隔离和应急准备。

对黑叶猴进行捕捉、保定时，应时刻关注其精神状态和心率、呼吸、体温等生理变化，如有异常，应及时处理。

5. 游客安全

做好游客的文明引导工作，对于投喂、恐吓、敲打玻璃等不文明行为应及时制止，并针对这些行为造成的后果做好宣传。叶猴动物食用过多的糖分和淀粉类食物易造成胃胀气等消化道疾病，严重时会引起死亡，因此防范游客投喂非常重要。建议笼舍外围栏与笼网之间的间距大于动物的臂长＋成人的臂长，最好有绿化带隔离，推荐参观面使用上有廊檐的玻璃幕墙，能很好地防范游客的投喂行为。

七、黑叶猴的保护教育

（一）黑叶猴在动物园展示的保护教育

动物园结合活体动物及其展区展示，配套教育设施及教育活动，能有效传递野生动物保护信息，展示动物的特征，培养人类与动物之间的共情，引导大众关注动物保护现状和支持动物保护行动。

1. 展区科普信息传递

游客的体验以及对教育信息的认同度会受到动物健康状态、动物福利水平和展区氛围的影响。动物展区通过生态造景尽可能模仿黑叶猴原栖息地环境，或尽可能提供类似的条件，使黑叶猴能展现更多自然行为，如提供它们能持续离地于高处活动的栖架空间、模仿滴水岩石的饮水方式。同时通过配套科普设施尽量补充黑叶猴原栖息地的生物多样性，结合动物园保育等方面的内容，让游客更多地接触栖息地、生态系统、移地保护等相关概念，进一步了解动物保护、生态保护与人类自身的关系，使人们认识到保护野生动物不只是专家学者、研究人员的事，是每个人都能通过不同的途径和方式为之行动。

2. 动物展示

（1）个体展示 展示的动物个体要求健康，生病或者受伤、残疾的动物尽量不在展区进行展示。如果没有合适的后场可供转移，则要做好问题动物的说明。

（2）群体展示 黑叶猴为群居性动物，进行动物园展示时，在不影响种群管理的前提下，应尽可能地展现黑叶猴群居的状态。在动物园场地空间有限的条件下，一个群体一般是由一只成年雄性与 2～3 只育龄雌性及它们的后代组成。群居动物很多个体之间的社会行为若能够得到自然的展现，则可以提高观赏的趣味性，并能传递准确的物种信息。群体中的个体要做好标识，以便于种群管理。

（3）环境展示 黑叶猴为树栖动物，不喜欢在地面活动，而且在地面的活动也不利于它们的健康。因此，要将展区内的乔木、树干、栖架等尽可能连接贯通，或间隔距离在黑叶猴跳跃范围内，使它们能待在高处且无障碍地保持在上层活动。同时要注意为它们提供可躲避游客视线的栖息点。由于黑叶猴体表主要为黑色，所以展场内的设施特别是黑叶猴经常停留的位置，色调不宜太深。

（4）食物及投喂展示 树叶是黑叶猴最重要的食物组成，应该在饲喂过程中予以强化说明。将树枝分点放置于游客可视范围内的显眼位置，这一方面可以提高动物采食过程中的观赏性，同时也可传递重要的信息。为防嫩叶失水，可制作能固定树叶且在树枝断端浸水保湿的装置。果蔬类食物分点投喂在喂食平台上，尽可能不要放在地面上，且食物丰容的取食方式越丰富越好。观察黑叶猴群体的采食行为，根据其抢食、优先采食的情况调整投喂点，尽量避免个体营养不均衡。

3. 展区科普设施

在进行动物展区设计时最好能同时考虑科普设施，包括牌示（彩图 21 至彩图 24）、模型、互动体验设备等。物种知识、野外保护信息、个体特点、动物园保育成果、公众如何参与保护等信息都需要通过科普设施传递给游客。设计原则包括：所传递的保护信息必须正确；采用多种手段以吸引游客；沉浸式教育，使游客产生共鸣。

牌示的设计要尽可能由自然元素组成，色彩不过于耀眼；牌示内容应口语化表达，避免使用专业词汇；牌示内容控制在 150 字左右，语言简洁易懂；必须反复核对牌示的内容以确保准确；数据来源有可靠依据；动态信息及时更新。

说明牌是一种概括性地介绍物种基础信息的牌示，其语言应简洁，不超过300字。

黑叶猴说明牌示例：

黑叶猴

学名：*Trachypithecus francoisi*

英文名：Francois's Langur

分类地位：哺乳纲，灵长类，猴科，疣猴亚科，乌叶猴属

保护级别：国家一级，CITES 附录Ⅱ

分布：亚洲东南部。国内主要分布于广西、贵州和重庆

栖息在热带、亚热带岩洞较多的石灰岩地区的森林中，群居，通常在树林上层活动、采食，很少下地。行动敏捷、轻盈，善于攀登、跳跃，早晨和傍晚尤为活跃。全身包括手脚的体毛均为黑色，所以又被叫作乌猿。两颊从耳尖至嘴角各有一道白毛，头顶有一撮竖直立起的黑色冠毛，幼仔体毛为金黄色。发情交配多在秋冬季节。孕期6个月，1胎1仔，偶见2仔，哺乳期约6个月，5岁性成熟。主要以植物嫩芽、茎、花、叶、果实和种子等为食。

（二）黑叶猴保护教育活动项目

黑叶猴是国家一级重点保护动物，在广西梧州设有专门的黑叶猴保护研究饲养机构。但在多数动物园里，黑叶猴仅作为猴类中的一种进行饲养展示，较少开设专门的主题展区，且因其居高处远、毛色乌黑，故不易观察，游客也难以在动物园拍摄到黑叶猴的精美图片，整体较不引人注目。国内外针对黑叶猴的教育活动项目不是很多。可结合国内动物园黑叶猴保育和展区的基本情况，借鉴其他灵长类动物教育项目，充实黑叶猴的保护教育内容。

1. 展区解说

展区解说是提高游客体验非常重要且效果显著的教育形式。展区解说可以由保育员、志愿者、教育人员或者几者结合来完成。可以在周末、春秋季节客流较集中的时间开展，也可以常年开展。

（1）时间安排 最佳的展区解说是结合动物饲喂、丰容或者行为训练等日常管理进行。这样便于聚集游客，提高讲解的丰富度和生动性。时长可根据听众的兴趣和反应把握，一般5～30min均可。尽量不要选择在动物休息的时候讲解。根据动物园内动物的作息规律，建议在上午或下午（如上午9：00左

右、下午 3：00 左右）动物采食或行为较活跃的时间开展。

（2）解说内容　可以将讲解内容设计成多个讲解单元，根据动物的实时状况和听众的反馈，选择讲解切入点和讲解内容的多少。解说内容可以包含动物园内个体和群体情况、野外生活条件、保育成果、保护行动等诸多方面。可以结合讲解内容准备一些卡片、丰容用品、动物的食物、录音等道具，提高讲解的直观性和吸引力。通过小型的扩音设备或高于地面的讲台，尽可能让听众听清和看到讲解过程中所展示的物品。

此外，还可根据讲解人员自己的偏好和对动物的了解程度，制定适合自己风格的讲解提纲。

黑叶猴讲解提纲示例：

①自我介绍及欢迎词　富有感染力，让听众可以感觉到自己很受欢迎以及感受到讲解员的热情、敬业。

②简单的背景知识介绍　目前所处的位置（园内灵长类动物展区黑叶猴展馆）、黑叶猴的分类学等。

③结合现场能看到的动物状态进行讲解

A. 个体介绍：从幼仔入手介绍黑叶猴家庭成员之间的关系，如叫什么名字、性别、年龄、爸爸妈妈是谁、与其他成员的关系；幼仔独特的金毛与"小金丝猴"的对比；年龄特别大的黑叶猴有什么故事；谁是家长，家庭成员之间的地位区别；野外的群居生活。

B. 行为介绍：黑叶猴居高栖息或活动时，介绍它们的树栖特性和攀岩行为；黑叶猴进食时介绍其每天的食物配方、树叶的种类、爱吃什么、特殊的消化系统（复胃）、野外的采食情况和作息规律、游客不能投喂的原因等（可展示食谱、丰容设计、行为观察记录等）；黑叶猴相互理毛时介绍其复杂的社交行为、每种行为表达的含义等；黑叶猴抱仔或抢仔时介绍抱仔的雌猴不一定是妈妈，它们存在群体抚养的"阿姨"行为。

C. 环境介绍：展区中特别的设计，如温度、湿度、室内、室外、栖架、植物、丰容用品等，解释展区设计与黑叶猴野外生活习性的关系。

④动物园及野外保护　如动物园之间的合作繁殖、行业种群管理、野外保护区及栖息地的保护研究、保育成果，以及存在的一些问题等。

⑤游客如何参与保护　如不乱投喂；动物休息时不惊扰它们；不购买野生动物及其皮毛、药酒等制品；参加志愿行动，参与教育活动及社会宣传；身体力行支持环保，减少使用一次性用品等。

⑥总结与结束　对于讲解的内容进行回顾，设定提问互动。例如，如何辨别谁是谁，它们吃什么，为什么不可以投喂食物等问题；可准备一些小奖品，最好自制包含园内黑叶猴个体相片和信息的胸章、书签等个性化纪念品；介绍园区其他教育活动；提醒游客文明参观，欢迎下次再来。

2. 专题性保护教育活动

充分挖掘资源，实时掌握与黑叶猴相关的事件，策划专题性的保护教育活动，打造动物"明星"，提高社会关注度和认知度。例如，幼仔出生后的新闻报道、征名活动、生日派对、动物认养等，在灵长类学术会议等活动期间宣传黑叶猴保护研究成果，邀请黑叶猴保护专家开展专题讲座、科普巡讲，举办图片摄影展等。

3. 融入保育工作的体验式教育项目

挑选动物园日常饲养管理工作的合适内容设计教育活动，如行为观察、食物准备、丰容设计、模拟行为训练等保育员体验活动，以及粪便、血液、尿液等样本监测和给动物模型做体温探测、外伤处理等兽医体验活动。条件有限的情况下，也可以通过图片、视频等形式进行展示。将动物园在野生动物饲养管理中的科学严谨的态度和不断提升的动物福利理念进行分享传播，有利于树立动物园在社会公众保育认识中的形象，同时也更能提高对公众的教育说服力。

4. 借助多种媒介进行传播

编印黑叶猴物种保护相关的科普书籍、小册子、挂图，在网站、微信上推送科普文章，开设网络论坛，制作专题片、微视频，等等。通过多种形式延伸宣传教育功能。

（三）倡导公众参与的黑叶猴保护行动

完整的动物园保护教育项目须包括三个方面的核心内容：一是培养对动物的喜爱；二是介绍动物园为动物福利所做的努力；三是提供可改善的人类日常行为建议。要让动物园游客或其他教育活动的受众在认同保护目标的同时，向他们提出切实可行的具体要求，引导其积极参与到黑叶猴保护行动中。

1. 游客参与的保护行动

（1）不投喂动物　在动物园里，灵长类动物都会因游客投喂而影响健康。而黑叶猴作为一种叶猴，对食物的选择性非常强，所以比一般的灵长类动物更易受到伤害。动物园根据黑叶猴的生长需要制定了特殊的食物配方，足以保证食物的丰富度和营养需求。游客的投喂会打破它们的正常饮食习惯，造成其胃肠道消化系统紊乱，多食、误食都可能给黑叶猴直接带来健康问题甚至造成生命危险。它们向游客伸手要东西并不是因为饥饿，而是由于好奇，是游客长期的乱投喂引起的非自然行为。应鼓励游客约束自己的乱投喂行为并阻止其他人的这种行为。

（2）不敲打玻璃　每种动物都有自己的作息时间，黑叶猴在野外也有较强的采食和休息规律。它们天性喜静，如果看到它们正在休息或者睡觉，游客应该保持安静，不要打扰。不要敲击玻璃企图叫醒动物，如果看到其他游客敲击玻璃应阻止并解释原因。

（3）不使用闪光灯拍照　相机闪光灯容易造成动物应激而产生意外的行为，可能危及动物个体或保育员的安全。闪光灯对幼小动物的眼睛也可能造成伤害。

（4）参加与黑叶猴有关的教育宣传活动　参与动物园、保护区以及其他环保教育饲养机构组织的黑叶猴及野生动物教育宣传活动和志愿者行动，分享所了解的黑叶猴保育信息。

2. 公众参与的保护行动

（1）选择森林可持续消费方式　黑叶猴野外面临的主要威胁为人类活动及森林资源开发所引起的栖息地破碎化。应倡导减少使用一次性用品、纸质品，鼓励使用再生纸、环保再生木制品等，以间接保护野生动物栖息地。

（2）拒绝野生动物消费　"没有买卖，就没有杀害"。要自觉抵制吃野生动物、用野生动物制品，不购买野生动物作为宠物饲养，不支持违反动物天性的动物表演、动物接触项目。虽然人类吃黑叶猴的现象已极少见，但是还有"乌猿酒"的存在。应倡导科学健康的生活方式，拒绝消费野生动物。

此外，应参加保护教育活动和志愿者行动，积极影响周边的人。

八、黑叶猴相关科学研究进展及建议性研究

（一）黑叶猴的遗传多样性研究

微卫星位点近缘种筛选法使得在探讨各种灵长类动物种群的遗传结构和生殖策略上更加便捷。孙涛等（2010）采用近缘种扩增法，利用138条人类微卫星引物在黑叶猴中进行筛选，得到了23个多态性位点。在28个检测个体中，每个位点的等位基因数为3～9个，期望杂合度为0.62，观测杂合度为0.50，

其中有 7 个位点偏离 Hardy - Weinberg 平衡，9 个位点存在无效等位基因现象。但是各位点之间均未检测到连锁不平衡现象。这些位点将在黑叶猴种群遗传结构的研究中发挥重要作用。

朱兵（2008）采集了来自广西龙州、大新、隆安和扶绥 4 个县的 142 个黑叶猴粪便样品和贵州麻阳河国家级自然保护区的 3 个黑叶猴粪便样品，通过测定线粒体 DNA 控制区的部分序列一级结构，分析广西黑叶猴的遗传结构。在长度为 395bp 的 D - loop 区片段中，确定了 17 个单倍型。通过对其中 16 个单倍型的 mtDNA 控制区序列进行分析测定，检测到黑叶猴 mtDNA 控制区序列共有保守位点 352 个，多态位点 43 个，占分析总数的 10.89%；单现突变位点 15 个，简约信息位点 28 个。共有 41 个二碱基多态位点，2 个三碱基多态位点，没有出现四碱基多态位点。

通过比较分析广西 4 个黑叶猴种群遗传结构的相关变异参数时发现，广西龙州种群的单倍型和多态性位点最多，核苷酸差异平均数最大，携带的遗传信息最丰富；广西大新种群的单倍型和多态性位点最少，核苷酸差异平均数多样性最小，携带的遗传信息最少（朱兵，2008）（表 2 - 20）。通过黑叶猴地理种群间的平均遗传距离、平均净遗传距离和群内平均遗传距离，发现群内平均遗传距离最大的是广西龙州种群，为 0.033，最小的是广西大新种群，为 0.003。龙州和隆安种群间的平均净遗传距离最小，为 0.007；贵州（GZ）和隆安（LA）种群间平均净遗传距离最大，为 0.040。贵州和隆安种群间的平均遗传距离最小，为 0.025；贵州和隆安种群间平均遗传距离最大，为 0.055（朱兵，2008）（表 2 - 21）。

表 2 - 20　广西黑叶猴线粒体 DNA 多样性（种群内）

参数	种群所在地				总数
	隆安	扶绥	龙州	大新	
序列数（个）	4	27	64	16	109
单倍型数（个）	3	3	8	2	16
突变数（个）	17	7	29	1	45
多态性位点数（个）	17	7	28	1	43
核苷酸差异平均多样性	11.33	4.67	12.61	1.00	13.87
鸟嘌呤(G)＋胞嘧啶(C)比例（%）	35.8	35.5	35.6	35.2	35.5

表 2-21　广西黑叶猴各种群间平均遗传距离和平均净遗传距离

种群所在地	贵州	隆安	扶绥	龙州	大新
贵州	n/c	0.040	0.034	0.033	0.037
隆安	0.055	0.030	0.032	0.007	0.035
扶绥	0.040	0.053	0.012	0.018	0.018
龙州	0.049	0.038	0.040	0.033	0.014
大新	0.038	0.051	0.025	0.031	0.003

　　胡娟等（2015）利用线粒体 DNA 分子标记，对采自贵州东北部地区的绥阳县宽阔水国家级自然保护区、道真县大沙可国家级自然保护区、沿河县麻阳河国家级自然保护区的黑叶猴野生种群的 79 个粪便样品和黔灵山公园黑叶猴笼养种群的 22 个粪便样品、5 份毛发样品的线粒体控制区（mtDNA D-loop）的部分序列进行测定。结果显示，在长度为 395bp 的 D-loop 区片段中，共发现 30 个变异位点，占分析序列长度的 7.6%，碱基突变形式为转换和颠换，没有出现碱基插入和缺失现象。得到的 30 个多态性变异位点定义了 6 个单倍型，其中绥阳群 2 个（GZ1、GZ2），道真群 2 个（GZ3、GZ4），沿河群 1 个（GZ4），黔灵山公园群 3 个（GZ2、GZ5 和 GZ6），沿河县的 4 个猴群与道真县的猴群共享 1 个单倍型（GZ4），黔灵山公园群与绥阳群共享 1 个单倍型（GZ2）。各单倍型之间的平均遗传距离（P）为 0.028，单倍型 GZ2 和 GZ4，GZ4 和 GZ6 表现出最小遗传距离 0.003，而 GZ5 与各单倍型间遗传距离最大，平均值高于 0.05（表 2-22）。

表 2-22　贵州黑叶猴 mtDNA 控制区 6 种单倍型序列差异百分比（对角线以下）和单倍型之间遗传距离（对角线以上）

单倍型	GZ1	GZ2	GZ3	GZ4	GZ5	GZ6
GZ1		0.013	0.015	0.010	0.039	0.013
GZ2	1.270		0.008	0.003	0.034	0.005
GZ3	1.510	0.760		0.005	0.042	0.008
GZ4	1.010	0.250	0.510		0.037	0.003
GZ5	3.800	3.290	4.050	3.540		0.039
GZ6	1.270	0.510	0.760	0.250	3.800	

（二）圈养黑叶猴的遗传多样性研究

梧州市园林动植物研究所（梧州市黑叶猴保护研究中心）经过 40 多年的努力，已经繁育出了子八代黑叶猴，先后繁育成活幼仔约 400 只，现有黑叶猴 80 余只，现存栏最年长的黑叶猴已超过 31 岁，形成了世界上最大的黑叶猴人工繁育种群。史芳磊等（2014）采用后肢经脉采血方法，采集该中心 52 只圈养黑叶猴血液样品，采用线粒体控制区和微卫星 DNA 分子标记，对该中心圈养黑叶猴的遗传多样性进行了分析。

对 52 只黑叶猴 D-loop 序列进行比对，从中选取 355bp 的同源区序列进行分析。结果显示，碱基组成为胸腺嘧啶（T）31.9%、胞嘧啶（C）23.3%、腺嘌呤（A）32.7%、鸟嘌呤（G）12.1%，其中 A＋T（64.6%）比例大于 C＋G（35.4%）。在此序列中共发现 35 个核苷酸变异位点，占分析位点数的 4.68%，包括 3 个转换位点、29 个颠换位点、3 个插入和缺失位点及 8 个简约信息位点。这些变异位点共定义了 13 种单倍型（HY01～HY13），其中单倍型 HY01、HY04～HY06、HY08、HY10、HY12 和 HY13 这 8 个单倍型分别有一个个体，单倍型 HY02 和 HY11 分别有 5 个个体，单倍型 HY03 有 3 个个体，单倍型 HY7 有 2 个个体，单倍型 HY9 有 29 个个体。采用 DnaSP 5.0 软件计算圈养黑叶猴核苷酸多样性（π）为 0.027，单倍型多样性（h）为 0.627（史芳磊等，2014）。

采用 11 对微卫星引物对 52 只圈养黑叶猴进行扩增，共检测到 47 个等位基因，其中多态性等位基因最低的为 3 个，最高为 6 个，每个座位的平均等位基因数为 4.18 个。这些多态性位点的平均期望杂合度（He）和平均观测杂合度（Ho）分别是 0.559 和 0.551。观测杂合度（Ho）的值越接近期望杂合度（He）的值，表明该种群受外来选择及近交等因素的影响越小，群体处于遗传平衡状态。每个微卫星位点之间没有显著的连锁关系。20S206 和 D7S1826 这 2 个位点偏离哈迪-温伯格定律，其余位点均符合哈迪-温伯格定律。多态信息含量（PIC）是基因丰富度的一个指标，反映微卫星位点上的遗传变异程度，当 $PIC>0.5$ 时位点信息含量多态性高；当 $0.25<PIC<0.5$ 时位点信息含量具有中度多态性；当 $PIC<0.25$ 时说明位点信息含量多态性低。圈养黑叶猴微卫星位点种群遗传参数详细信息见表 2-23。在本研究选择的 11 个位点中，D6S264 的多态信息含量（PIC）值最低为 0.278，D5S1457 多态信息含量值最高为 0.670，平均多态信息含量值为 0.418。D5S1457、D2S1326、D7S11826、

D2S442、D10S1686 和 D14S306 表现出高多态性。D20S206、D7S2204、MOGC、D6S264 和 D6S1056 表现出中度多态性（史芳磊等，2014）。

表 2-23　11 个圈养黑叶猴种群微卫星位点种群遗传参数

基因座位	等位基因数（个）	近交系数（Fis）	观测杂合度（Ho）	期望杂合度（He）	多态信息含量（PIC）	P 值
D5S1457	5	0.019 5	0.712	0.726	0.670	0.536 9
D20S206	5	0.212 0	0.442	0.560	0.461	0.008 5
D7S2204	3	0.007 0	0.404	0.338	0.299	0.455 8
D2S1326	3	−0.165 0	0.651	0.620	0.534	0.964 3
MOGC	3	0.040 0	0.519	0.446	0.367	0.468 4
D6S264	3	−0.027 8	0.308	0.320	0.278	0.011 6
D7S1826	6	0.031 4	0.712	0.692	0.625	0.519 6
D2S442	5	−0.046 8	0.635	0.655	0.588	0.801 8
D10S1686	4	−0.040 0	0.654	0.625	0.543	0.688 1
D6S1056	2	−0.087 9	0.519	0.499	0.405	0.925 3
D14S306	6	−0.196 6	0.635	0.548	0.529	1.000 0
平均值	4.18	−0.023 1	0.559	0.551	0.418	

（三）黑叶猴的栖息地质量评价和保护研究

　　黑叶猴生境为喀斯特石山地貌。在广西，有黑叶猴分布的石山周围的山弄及其周边的较平坦地区大多有人类活动，人为景观完全把黑叶猴栖息地所包围，各个被分隔的黑叶猴种群之间很难交流；而在贵州，各分布区域虽然破碎化很严重，甚至比广西破碎化程度高很多，但是由于人类只能在石山的顶部或底部活动，很难涉足沿着江河分布的悬崖，所以悬崖区域的植被条件好，连通性高，形成了黑叶猴各个种群之间可以进行相互交流的很宽的廊道，减轻了破碎化导致的黑叶猴不同种群之间的隔离，可见石山的连通性对黑叶猴的生存和种群交流具有重要的作用。相对来说，由于栖息地特征不同，广西的黑叶猴种群相互交流的难度要大于贵州的黑叶猴种群（陈智，2006）。

　　现阶段的城市扩张、道路和水利建设，更加加剧了野生动物栖息地的破坏。归根结底，人口的快速增长是黑叶猴栖息地破碎化的最根本原因。现阶段黑叶猴各个分布区相互隔离的情况非常严重，广西黑叶猴最大栖息生境面积为

6 821.39hm²，最小栖息生境面积为 1 014.94hm²，各栖息生境之间的直线距离最小为 9km，最大直线距离为 361km。各个栖息生境完全被人工景观所包围，之间甚至有河流、公路的阻隔。在自然条件下，不同栖息生境的黑叶猴很难跨越这些障碍进行互相交流。黑叶猴栖息生境的破碎化程度较高，各栖息生境景观块数破碎化指数最小为 0.002 8，最大为 0.007 6；森林斑块面积破碎化指数最小为 0.058 4，最大为 0.511 0（陈智，2006）。

在贵州麻阳河国家级自然保护区，影响黑叶猴栖息地选择的主要因素有植被类型、海拔、坡度、坡位、郁闭度、到水源的距离、到农田的距离、到简易公路的距离和到大车路的距离。其中，黑叶猴活动点的主要特征为海拔较低、坡度大、坡位为中或上部、高郁闭度，以及距离农田、简易公路和大车路的距离较近。在坡向、植被综合盖度、到居民点和乡间小路的距离没有表现出相关性。基于 Logistic 回归模型的栖息地评价结果显示，由植被类型、地形因子组成的候选模型为最优模型，可较好地反映自然保护区内黑叶猴的分布。其中，构成模型的变量为灌丛、阔叶林、针叶林、海拔、坡度、坡位。模型预测结果显示，沿河流地区是黑叶猴适宜栖息地的主要分布区（王双玲，2008）。

基于上述栖息地评价结果，王双玲（2008）对麻阳河国家级自然保护区的最小面积以及最小面积下黑叶猴的环境容纳量进行了分析。随着预测适宜栖息地面积的增大，该自然保护区的最小适宜面积逐渐增大。当预测适宜栖息地面积占 60％时，麻阳河国家级自然保护区的最小面积为 21 322.97hm²；当预测适宜栖息地面积占 70％时，麻阳河国家级自然保护区的最小面积为 25 137.77hm²；当预测适宜栖息地面积占 80％时，麻阳河国家级自然保护区的最小面积为 28 569.17hm²；当预测适宜栖息地面积占 90％时，麻阳河国家级自然保护区的最小面积为 31 946.11hm²，接近该自然保护区的总面积。根据黑叶猴的家域面积，当预测的黑叶猴适宜栖息地面积占 60％时，该自然保护区的最小适宜面积下可容纳的黑叶猴群数为 120～425 群，可以满足当前保护区内黑叶猴种群（89 群）的存活及增长。

（四）黑叶猴的面部识别

近年，得益于人工智能的高速发展，面部识别技术在野生动物的个体识别上也发挥了积极的作用。何晓露（2023）于 2021 年在梧州市园林动植物研究所采集了 41 只黑叶猴个体的 5 540 张图像，基于深度学习技术，提出将基于 YOLOv5s 深度学习的黑叶猴面部识别方法与基于 FaceNet 人脸识别技术的黑叶猴个体识别模型方法相结合，对黑叶猴个体进行自动化检测与识别，从而为黑叶猴的长期监测、行为分析等研究提供自动化技术支撑。

（五）黑叶猴的野外放归

对众多濒危野生动物而言，由于栖息地的破碎与隔离以及自身较弱的扩散能力，通过移地以维持野生种群的长期续存已成为保护生物学上的一种重要手段。移地是指将生物有机体从一个区域自由释放到另一区域的移动。放归是移地的一种主要方式，通常包括引入、重引入以及复壮 3 种类型。引入（introduction），指由于人为因素，生物有机体被有意或无意地释放到其历史分布区域之外的移动。重引入（reintroduction），指生物有机体被有目的地释放到其历史分布区域内，而在释放前该历史分布区域内已无该物种的现存野生种群存在。复壮（supplement、restocking、augment 或 reinforcement），指生物有机体被有目的地释放到其现有野生种群中以扩大种群数量的移动。我国目前已进行了普氏野马、麋鹿、大熊猫等物种的野外放归尝试（张泽军等，2006）。

2010 年 6 月，野生动植物保护国际（FFI）中国项目和中欧生物多样性项目广西示范项目管理办公室在广西壮族自治区林业厅和环保厅的支持下，联合承办召开了"黑叶猴保护研究现状和策略研讨会"。黑叶猴的移地保护工作被提上了议程：加强黑叶猴的异地繁育和野化放归工作，实现人工养殖的黑叶猴物种回归。2012 年，国家林业局审批通过了"黑叶猴人工繁育和放归工程"的方案，将广西梧州市园林动植物研究所（梧州市黑叶猴保护研究中心）的人工繁殖黑叶猴种源重引入至广西大明山国家级自然保护区。这样做一是为广西移地保护的黑叶猴探索一条除笼养展出以外的出路，以促进圈养黑叶猴及野生黑叶猴种群数量的稳步增长；二是通过重引入，恢复大明山黑叶猴的种群数量，并对原黑叶猴分布区的生境进行恢复和改造，确保放归项目的成功。黑叶猴野化放归工作方案见图 2-18。

2017 年，首批共 6 只黑叶猴（属于梧州市园林动植物研究所）正式在大明山国家级自然保护区放归，后续计划通过梧州市园林动植物研究所和南宁动物园的圈养黑叶猴的分批放归，扩大广西黑叶猴的野外分布，逐步连接隔离的野外种群，使广西的黑叶猴种群得以恢复。但目前圈养黑叶猴野外放归计划仍面临许多问题有待解决。

首先，物种的生物学特性取决于遗传物质和环境条件综合作用的结果，环境条件的改变不可避免会导致动物一些行为表达的"畸形"，甚至导致某些行

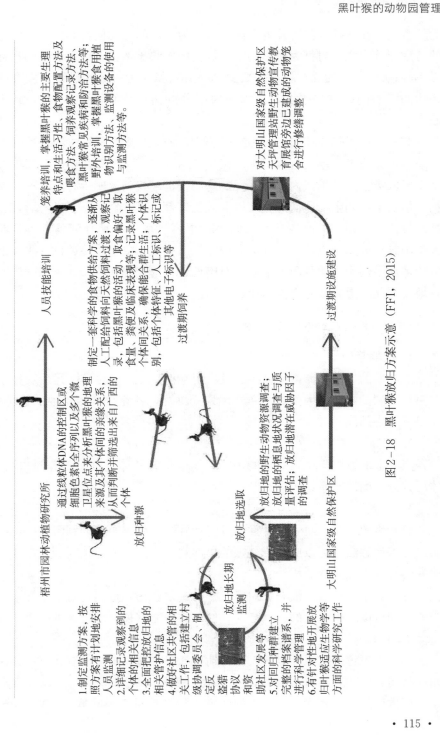

图2-18 黑叶猴放归方案示意（FFI，2015）

为的丧失。在选择放归野外的个体时，行为方面的考虑应与健康、遗传等方面的考虑同等视之；对行为畸形的个体进行的放归显然很难达到预期的目标（张泽军等，2006）。然而，目前仍缺少单一的圈养环境对黑叶猴行为发育或行为表达的影响的研究，因此，应加强对圈养和野生大熊猫行为生态学的比较研究。

其次，Li 等（2007）在 2002—2003 年对广西黑叶猴种群数量和分布的调查表明，大明山国家级自然保护区仅生活着 4 群共 30 只黑叶猴。近年虽对大明山国家级自然保护区内黑叶猴种群的调查也已找到大明山有黑叶猴分布的证据，但对于长期生活在低海拔地区的人工繁育的黑叶猴仍是一个考验，相对于高海拔地区放归，低海拔地区放归可能更容易取得成功（阙腾程等，2021）。大明山野外放归地点位于较高的海拔，气温相对于梧州明显偏低，再加上保护区的地形不同于广西西南的喀斯特石山地貌，更类似于贵州、重庆的黑叶猴栖息地。因此，黑叶猴是否能适应这样的环境仍有待进一步的评估。

（六）建议性研究

1. 社群管理

黑叶猴的 1 雄多雌群体结构以及出生性比＞1 造成的雄性冗余一直是困扰多家动物园的难题，因此，怎样管理好全雄群，并充分利用雄性的遗传资源，是亟待解决的问题。

2. 营养

黑叶猴的营养学中，对于能量的代谢模型和具体过程、营养需求与目标、体况评分等尚缺乏系统的研究。

3. 繁殖

（1）生殖生理　对于黑叶猴的发情和妊娠，尚无明确的判断指标，尿液中雌二醇等性腺激素可以应用于妊娠的早期判断，但具体的判断标准需要收集大量的实验数据和系统分析。

（2）避孕　目前尚没有针对黑叶猴的避孕药物，特别是对于雄性来说。有效的药物可以减少雄性的打斗行为，使全雄群能够长期维持，以解决雄性个体过多的问题。

（3）人工育幼　黑叶猴的人工育幼成活案例比较少，仅有北京动物园、广州动物园、贵州森林野生动物园等少数动物园有成功案例，且缺乏翔实的记录，可推广的育幼技术仍需深入的研究，特别是对于黑叶猴乳汁的营养成分、人工奶液的配制、肠道菌群的建立、食物的转换、重引入等都需要进一步的经验积累。

4. 种群管理

虽然黑叶猴的圈养种群数量已有 300 只，但相对川金丝猴圈养种群 500 多只的规模来说仍相对较小，且种群存在着部分个体亲缘关系不清、谱系记录不完善、杂交等现象，近几年的种群增长也趋于平缓，存在死亡率偏高、性别结构不合理等急需解决的问题。因此，有必要对现有圈养种群进行深入调查分析，分析死亡原因，提高饲养管理技术，并从多个方面探讨改善出生性比的可能性；对于亲缘关系不清和疑似杂交个体通过分子遗传学等方法进一步鉴定，在进一步发展壮大圈养种群的基础上，为放归项目的遗传质量提供保障。

5. 野外放归

黑叶猴的野外放归项目已经启动，但对于放归前的过渡期饲养管理、生存训练、放归后跟踪等仍有待进一步完善，以提高放归成功率。

6. 面部识别

川金丝猴的面部识别技术已开始成功应用于野外行为学研究，但黑叶猴的面部识别技术尚处于起步阶段。黑叶猴身体和面部大部分为黑色，个体识别有难度，人工智能技术的发展虽然为黑叶猴面部个体识别提供了技术支持，但精确度的提高尚需要进一步的深入学习和更加适合的识别模型。

第三部分
黑叶猴的疾病防治

一、圈养黑叶猴疾病发生规律初步分析

黑叶猴以植食性为主，消化系统有别于猕猴类，胃有 3 个室，但无瘤胃，肠道较长，类似于草食家畜。其性情机敏胆怯，适应能力较差，是一种对饲养要求较高的灵长类动物，一旦发病病死率较高。在动物园等饲养条件下，受笼舍环境、卫生状况、饲料结构、管理操作及串笼运输等各种因素的影响，黑叶猴可能发生各种类型的疾病，其疾病发生有一定的规律性。

（一）疾病发生的年龄、性别构成

圈养黑叶猴临床疾病主要集中于幼年、亚成年及老年阶段。1～3 岁断奶后，黑叶猴消化系统疾病发病率高，如消化不良、肠梗阻等；传染性疾病如大肠杆菌病、葡萄球菌病、轮状病毒病，以及呼吸道疾病如传染性感冒、肺炎等在这个年龄阶段发病率也高，且致死率较高。成年后以消化系统等内科类疾病及外伤类疾病为主。老年阶段除常见的各类疾病外，黑叶猴主要出现支气管炎、鼻炎、眼炎、白内障、老年性肾病、肝脏疾病、癫痫、子宫肌瘤等疾病，其中老年性肾病是引起死亡的主要因素之一。

在幼年至亚成年、老年阶段，黑叶猴发生疾病无明显性别差异，成年后雄性外伤多于雌性，主要由于雄性间争偶、抢食等打斗引起。

（二）疾病发生的季节分布

黑叶猴疾病主要在季节交替、温差较大的时期发生较多，如每年 2—3 月、11—12 月呼吸道疾病、传染性疾病较多发，4—6 月消化系统疾病居多，7—8 月易发生中暑类疾病，9—10 月打斗外伤偏多。

（三）疾病的分类构成及病因分析

经饲养机构统计，黑叶猴的内科类疾病约占总发病率的 50％，传染性疾病约占总发病率的 30％，寄生虫病约占总发病率的 10％，其他类疾病约占 10％。目前从多数国内饲养机构的黑叶猴发病情况来看，内科性疾病是黑叶猴的主要发生疾病。

1. 传染病

常见的传染病有大肠杆菌病、结核病、葡萄球菌病和轮状病毒病等。一般情况下，黑叶猴幼仔较成年猴更易感染发病，死亡率也较高。引起发病的主要原因与季节、环境卫生、动物间交叉感染、动物机体免疫力不足有关。

2. 消化系统疾病

消化系统疾病是黑叶猴较常见的疾病，主要有消化不良、急性胃扩张、胃肠炎、胃肠梗阻等。消化不良多见于幼年及亚成年猴，一般在断奶后易发。在圈养条件下，黑叶猴的活动量较野外明显大量减少，加上饲料结构不合理（如粗纤维的摄入过多或不足）或者游客乱投喂食物等原因，都有可能导致黑叶猴产生消化系统疾病。

3. 呼吸系统疾病

主要为细菌、病毒、支原体等病原微生物引起的黑叶猴呼吸系统感染，临床表现为感冒、鼻炎、支气管炎、肺炎等。环境温度的急剧变化、笼舍卫生条件差、饲养场所突然改变及运输串笼应激等均能引起发病，幼年及老年黑叶猴易发病。

4. 泌尿生殖系统疾病

常见的有肾脏疾病、流产、难产等。老年性肾病是引起黑叶猴死亡的一种重要疾病，可伴有多种脏器病变。初产的雌性黑叶猴容易出现流产、难产等情况。

5. 寄生虫病

圈养黑叶猴容易产生各种寄生虫病，常见为线虫类寄生虫感染，其中毛首线虫为最常见的种类，感染率较高，且易反复发生，不容易驱杀干净。其他种类的寄生虫包括蛔虫、十二指肠钩口线虫、粪类圆线虫、阿米巴原虫等。

6. 外伤

主要由于雄猴间抢食、争偶引起打斗所致。亚成年雄猴 4 岁左右达到性成熟后易受到群内成年雄猴的驱逐、追打。

7. 其他类疾病

其他类疾病包括真菌性皮肤病、肿瘤（眼部肿瘤、幽门腺癌、子宫肌瘤等）、癫痫、中暑、白内障等疾病。

二、黑叶猴疾病诊治与护理

对黑叶猴的疾病做出正确诊断，首先要全面了解发病原因、发病症状，以及血、尿和排泄物的变化，并结合病史、临床及实验室检查，对搜集的临床资料进行分析，提出初步诊断意见。对一些症状不典型、采取检查措施有困难或者需要经一定时间检查才能确认病因时，可以依据已经搜集到的临床资料和以往诊断经验，进行对症治疗，为确诊赢得时间。此外，要对病情进行全面考虑、综合分析，由于任何疾病都在不断变化发展，疾病诊治过程中的某一次检查，只能说明一个阶段的状况，所以必须综合多个阶段的疾病信息，才能了解发病的全过程，应避免主观片面、孤立割裂地看待疾病。

（一）临床检查的基本方法

1. 问诊

询问病史要准确细致，具体包括黑叶猴的既往病史、年龄、性别以及本次发病的时间、地点和病症的主要表现，综合考虑黑叶猴相关的流行病学情况。

2. 视诊

检查者应站在适当距离处（避免惊扰黑叶猴）观察，通过外貌、精神状态、行为与生理活动（包括呼吸、采食、咀嚼、排尿与排粪）、对外界刺激的反应等情况，来初步判定病情的发展程度。在此基础上，可进行系统排查，如呼吸系统是否出现流鼻涕、咳嗽、呼吸困难等症状；消化系统是否出现呕吐、腹胀、腹泻、便秘、便血等症状；生殖系统是否出现阴道出血、排液等症状；并根据观察结果，得出初步诊断。

3. 触诊

可检查体表有无异常，如温度、湿度、体表肿物的硬度；通过腹壁对内脏器官进行深部触诊。

4. 叩诊

通过敲击病猴体表某处产生的声响，判断胸腔、腹腔和体表肿物的内容物性状。也可判断肺和肠道等器官病变的物理状态。

5. 听诊

主要听取病猴的心音、气管及肺泡呼吸音、胃肠蠕动音。听取心音的频率、强度、性质、节律以及有无杂音；还要注意心包的摩擦音及击水音。呼吸系统应听取喉、气管和肺是否存在杂音（如啰音）。消化系统应听取胃肠的蠕动音，是否存在亢进、减弱或是停止等情况。

（二）常规检查

常规检查是黑叶猴疾病的初步诊断阶段，通过常规检查可以了解病猴的整体和一般情况，对之后的系统检查和诊断具有启发意义。常规检查主要结合视诊与触诊进行，包括观察病猴的全身状况，测定体温、心跳、呼吸频率，检查被毛、皮肤、眼结膜及体表淋巴结等。

1. 全身状态观察

观察黑叶猴的全身状态，主要包括其精神状态、发育与营养、姿势与步态变化等。病理状态下的精神状况通常表现为抑制或兴奋，抑制如头低耳聋、目光呆滞、行动迟缓，对周围刺激的反应较迟钝，重则可见嗜睡甚至昏迷；兴奋如惊恐不安、狂躁、痉挛与癫痫样动作。病猴营养不良时，体格消瘦，骨骼表露明显，被毛粗乱无光；病猴发育不良时，多表现为躯体矮小，发育程度与年龄不相称，多呈发育迟缓或停滞；病猴姿势与步态异常通常表现为步态不稳、共济失调、跛行、患肢不能负重等。

2. 体温、心率、呼吸频率的测定

测定体温、心率和呼吸频率是常规检查最基本的内容，对疾病的认识、判断预后有重要意义。

3. 被毛、皮肤等其他检查

病猴患皮肤病、外伤、皮下气肿、血肿、脓肿、淋巴外渗、疝及肿瘤等疾病时，可通过视诊与触诊做出初步诊断。检查可视黏膜，主要观察黏膜颜色，颜色鲜红时多见于炎症；颜色苍白时多见于贫血；颜色黄染时见于代谢障碍；黏膜发绀多见于肺部炎症以及缺氧或中毒等病例。

（三）功能检查

功能检查包括心电图、X线、B超等影像学检查；实验室检查包括血液常规检查及生化检查、粪便检查、尿液分析。

1. X线检查

临床诊断中，X线检查可用于检查支气管肺炎、大叶性肺炎、胸腔积液、膈疝等呼吸系统疾病；检查心脏扩张、心肌肥大、心包疝等循环系统疾病；检查胃内异物、胃扩张-扭转、肠梗阻等消化系统疾病；检查尿结石、妊娠、死胎、子宫蓄脓等泌尿生殖系统疾病；还可用于检查骨折、脱位、全骨炎、髋关节发育不良等骨骼疾病。

2. B超检查

临床诊断中，常应用B超检查肝胆系统，其中脾脏和胰腺的超声图像较难判断，往往被周围脂肪或积气肠管所掩盖。此外，B超可用于检查肾脏、膀胱、前列腺、肾上腺等泌尿系统脏器，还可用于检查妊娠、心脏、腹水等情况。

3. 内镜检查

消化道内镜检查包括一般内镜检查（如活组织检查、黏膜剥离活检、细胞学检查）、放大内镜技术、超声内镜技术、小肠镜检查技术、胶囊内镜等；以及纤维支气管镜检查，用于诊断不明原因的痰血、干咳，反复发作的肺炎，诊断不清的肺部弥散性病变，气管塌陷等疾病，也可治疗气管、支气管内异物梗阻。

4. 心电图检查

临床诊断时对黑叶猴进行恰当的保定，根据心脏的电活动可判断心房肥大、心室肥大、心肌缺血、心肌梗死及心律失常等病症。

5. 粪便检查

粪便检查主要包括粪便的酸碱度测定、寄生虫检查、饲料残渣检查等。

6. 血常规检查

血常规检查结果主要体现机体的感染、贫血、血液疾病等情况。

7. 生化检查

生化检查结果主要体现肝脏功能、肾脏功能、血糖、血脂、血清离子、心肌酶等情况。

三、发病黑叶猴的护理

由于黑叶猴自身防护意识较强，对患病黑叶猴应尽可能减少外界的刺激（包括声音、气味、温度、湿度等），降低机体消耗。应尽量调节好黑叶猴机体内各组织器官的功能，以较好地发挥免疫系统的机能，从而增强机体免疫力，促进其恢复健康。

（一）腹泻护理

临床上导致黑叶猴腹泻的原因较多，如寄生虫感染、食物结构不合理、细菌和病毒的感染、中毒、应激等。病猴排水样粪便，可能伴有腹痛症状。处理时应加强饲养管理，笼舍及取食容器应加强消毒。由于频繁腹泻容易引起肛周皮肤水肿，进而导致皮肤溃烂，因此护理时应注意保持肛周皮肤干燥。另外，为避免患病黑叶猴反复感染或交叉感染，如怀疑黑叶猴患传染性疾病时，必须进行隔离和消毒。

（二）饮食及口腔护理

黑叶猴发病后，食欲容易受影响，应尽量提供适口性强、营养充分的饲料。口腔护理要注意黑叶猴口腔黏膜的状况，如有黏膜损伤，可使用 f10（主要成分为次氯酸钠）等季铵盐类消毒液或 $0.1\%\sim0.2\%$ 过氧化氢溶液冲洗口腔，操作时应注意防止药物呛入肺部；如有口腔溃疡时，溃疡面可使用西瓜霜或锡类制剂喷敷，配合利多卡因喷雾镇痛；如口腔内有异物，应立即清除，防止气道异物梗阻等情况的发生，如异物已进入气管或支气管，且病猴伴有呼吸困难症状，应立即使用大号针头实施气管穿刺，暂时缓解通气不畅，为气管切开术赢得时间（此类操作应配合使用内镜）。

（三）注射治疗及护理

如患病黑叶猴已经失去食欲，则应通过静脉、皮下、腹腔和直肠等途径提供营养物质，以维持机体的消耗。

注射技术在黑叶猴的各种疾病治疗中广泛运用，但注射操作不当时会引起一系列的并发症。例如，注射部位形成硬结，临床表现为局部肿胀，可触及明显的硬结，严重者可导致皮下纤维组织变性、形成增生性肿块或出现脂肪萎缩、甚至坏死。这主要是因为注射药物中所含不溶性微粒在注射部位蓄积，刺激机体的防御系统，引起巨噬细胞增殖，导致硬结形成；或因同一部位反复、多次、大量注射药物或药物浓度过高、注射部位过浅，使局部组织受物理性、化学性刺激，产生炎症反应，导致局部血液循环不良，药物吸收缓慢。注射不当还容易导致神经损伤，主要是由于注射时针头刺中神经或靠近神经，导致药物直接刺激神经或局部药物浓度过高，引起神经粘连、变性、甚至坏死。因此，要熟练掌握各种注射技术，准确选择注射部位，避开神经和血管进针；避免在同一部位注射；慎重选择注射药物，应选用刺激性小、等渗、中性药物；对于难吸收的药物，注射后应及时给予局部热敷或按摩，促进血液循环，加快药物吸收。

（四）静脉输液及护理

静脉输液技术在黑叶猴疾病的对症及维持治疗中运用较多。静脉穿刺失败通常有以下几种原因：①进针角度不准确，血管壁被刺破；②针头刺入深度不合适，过浅时针头斜面没有完全进入血管，过深时针头刺透对侧血管壁；③病猴不配合，操作时躁动不安，加之血管充盈度欠佳。这就要求临床操作时应注意保护血管，避免血管被刺破或渗液。如果血管被刺破，应立即拔针，避免反复回针，同时加压以止血；若在输液过程中针头滑出血管，造成药物外渗，应立即停止给药，拔针后进行局部按压，另选其他部位进行血管穿刺。

（五）灌肠技术及护理

灌肠技术是用导管自肛门经直肠插入结肠灌注液体，以达到通便排气目的的治疗方法，同时能刺激病猴肠道蠕动、软化清除粪便，还可以供给药物、营养和水分等。应选择型号适宜、质地优良的肛管。插管前应充分润滑肛管前端。操作时动作要轻柔，顺应肠道解剖结构，缓慢插入，尽量避免反复插管，否则容易导致肠黏膜损伤。损伤严重者可能引起肠穿孔，导致病猴腹痛、粪便带血，局部水肿后可致排便困难。病猴发生肠穿孔后应立即进行外科手术治疗。

四、黑叶猴的健康评估

在黑叶猴的日常饲养中，应定期进行必要的健康检查，通过综合评估其机体状态以及是否发生病理变化，对饲养及疾病预防工作做出调整。健康检查的操作内容可以根据所属饲养机构的具体情况制定，可以按照每只黑叶猴1～2年进行一次健康体检，并结合动物、人员、设备等情况来制定切实可行的体检方案。黑叶猴健康体检表可参考附录6。

（一）常规体检内容

（1）精神、食欲　观察黑叶猴的精神状态是否正常、食欲有无上升或下降、有无挑食现象等。

（2）体表、四肢　详细观察黑叶猴的皮毛是否整洁、光滑，体表有无伤口、出血等。

（3）天然孔　检查有无分泌物，分泌物颜色有无异常；雌猴有无出现月经，雄猴阴茎周围有无异物等。

（4）运动状态　跳跃、攀爬、行走等有无异常，活动量有无增多或减少等。

（5）生理指标　体重、体温、心率、呼吸、血压等常规项目的测定。

（6）血常规检查　进行红细胞数、白细胞数及各分类细胞计数等项目的检测，并进行涂片检查。

（7）生化检查　进行肝功能、肾功能等常规项目检查。

（8）粪便检查　观察粪便形态、性状、颜色，并进行线虫、绦虫、原虫等检查。

（9）尿常规检查　包括 pH、相对密度、尿蛋白、尿胆原、潜血等项目的检查。

（10）结核菌素试验　用人用精制结核菌素对黑叶猴做皮内试验，一般注射点为毛少且易观察的上眼睑、手臂外侧等处，注射后 48h 及 72h 后判断，若出现红、肿、热等炎症，则判定为阳性，无变化则判定为阴性。

（11）其他检查　X线拍摄检查胸腹部；B超检查腹腔脏器。

（二）体检注意事项

（1）体检前做好详细检查方案，准备好人员、设备、保定工具等。

（2）保定时注意黑叶猴及操作人员的安全，严格按照灵长类动物保定的相关要求进行，避免黑叶猴出现严重的应激。

（3）各项检查的测定记录要准确、专业。

（4）由主管兽医完成最终的评估意见，并及时传达至饲养机构。

（三）综合健康评估

根据上述所列检查项目的检测结果，由主管兽医做出黑叶猴机体健康状态的综合判断，并提出是否需要进一步详细检查的意见。机体的健康状态分为优、良、中、差，分别代表体况的不同健康程度，出现中、差状态时，应积极查找原因，一方面调整饲养方案，另一方面进行相关疾病的防治。

五、黑叶猴的隔离检疫

黑叶猴异地引入时，须对新引入的黑叶猴进行隔离、检疫，防止动物疫病的传播扩散。

（一）隔离检疫场的基本要求

（1）隔离检疫场应远离动物饲养场所、动物医院、居民集中生活区、交通主干道，上游无污染水源，有与外界隔离的设施。

（2）隔离检疫场内应具备基本的饲养和卫生条件，在寒冷的季节内舍要有取暖设施以保证环境温度，同时有进排水设备、专门存放饲料的场地，有保证通风、光照的设施，且利于操作和饲养管理。

（3）隔离检疫场必须有明确的标识，严格管控人员与动物的进出，以防人兽共患病的传播。

（4）隔离检疫场及兽舍出入处应设立消毒池、消毒通道，并设立更衣室，且更衣室应备有专用衣、鞋、帽及必要的消毒工具。

（5）隔离检疫场应具有对粪便、垫料、饲料残渣及其他废弃物做无害化处理的设施。

（6）隔离检疫场的笼舍建设必须包含内外笼舍，应满足黑叶猴的基本福利要求，且应具有供检疫人员对黑叶猴进行麻醉、免疫、体检、驱虫等操作的必要设施和场地，并有安全保障措施。

（二）黑叶猴进入隔离检疫场的准备工作

1. 场地、设施的卫生与消毒

要求隔离检疫场干净卫生，黑叶猴进入前至少对场地进行 2 次消毒，每次间隔 7~10d。隔离检疫场的入口处要设有消毒池，消毒池内可选用 5%~10% 的来苏儿溶液（甲酚皂）或 2% 的碱性戊二醛溶液等消毒液。准备好用于隔离检疫和饲养的相关工具，并对食盆和水盆等器具进行清洗和消毒。

2. 档案资料的准备

做好黑叶猴隔离检疫登记表、检疫记录表、场地设施消毒记录表，以及饲喂、疾病治疗记录表等相关表格的填写工作。

（三）黑叶猴的检验检疫

不同地区对灵长类动物的检疫要求各不相同，主要包括以下几个方面。

1. 临床检查

对于新引入的黑叶猴首先要进行临床检查，主要观察其精神状态、营养状况、食欲、排泄物状态以及是否有体表寄生虫和外伤等。

2. 检疫期的实验室检测

（1）细菌及病毒检测　根据不同地区的检疫要求，可以对志贺氏菌、沙门氏菌等肠道病原菌及 B 病毒（又称猴疱疹病毒）等病毒进行检测。

（2）结核菌素试验　一般均要求对黑叶猴进行结核菌素试验，应按照各地区的要求进行。

（3）寄生虫检查　体外寄生虫检查，主要是对脱毛的部位及腋窝、腹股沟等部位进行仔细检查；体内寄生虫检查，主要是检查绦虫、肠结节虫、鞭虫、蛲虫、阿米巴原虫及贾弟鞭毛虫等消化道寄生虫。血液寄生虫检查，主要是对丝虫、附红细胞体等血液寄生虫进行检查。

3. 隔离检疫

新引入的黑叶猴必须经过 30d 以上的隔离检疫期，确认健康无病后方可合群饲养。

（四）隔离检疫期内的卫生和消毒

1. 清洁卫生

要求每天对隔离笼舍的环境进行清扫，并保持环境的卫生与整洁，定期进行消毒。饲料准备间的用具应定时清洗和消毒，同时做好灭鼠、灭蜱、灭蟑及灭蚊工作，防止虫媒传染病的发生。

2. 消毒防疫

（1）隔离检疫场入口处消毒池内的消毒液，每天早晨要更换一次。

（2）隔离检疫期内要定期对地面、栖架、工具等进行预防性消毒，每周1～2 次。

六、黑叶猴病料的采集、保存与送检

随着野生动物疾病诊断技术的提高，实验室检测得到更多的重视，但是由于实验室检测方法的特殊性，其结果回馈给临床仍然不够及时。不过，实验室检测不仅对正在发生病情的诊断有科学的指导作用，而且对探明病因和预防疾病再次发生有重要作用。对于黑叶猴，最好能提供设备齐全、专业素质高的技术人员来进行自主的实验室检测。但是，目前大多数动物医院只能依托高校、人类医院等第三方检测中心来完成相关的实验室检测。因此，在黑叶猴的实验室检测中，兽医更为重要的工作是根据病情来选择合适的实验室检测项目，并熟知相关项目的采样、病料保存和送检的要求，最后根据第三方检测结果综合分析病因。检测样品应含有疾病发生、发展的信息，能否正确地采集、保存与送检样品直接关系到检测结果的可靠性，也关系到疾病诊断的准确性。本节就黑叶猴最常见的几种实验室检测方法，对其样品的采样、保存与送检的要求进行介绍。

（一）病理组织学样品的采集、保存与送检

1. 病料的采集

（1）采集目的应明确，遵循病变组织必须取样、病变不明显时全面取样、有疑问的组织重点取样的原则。

（2）取样部位应准确，采集的组织块应当包含正常、病变及两者过渡区间的结构，且病料的组织结构要完整，如肾脏要包含皮质与髓质。

（3）取样的时间应及时，最好在黑叶猴死亡的 6h 内采集，夏季在死后不超过 2h 采集，冬季在死后不超过 24h 采集。

（4）取样时刀具要锋利，动作要轻柔，防止挤压组织。

（5）取样时，不要用水冲洗或用纸巾擦拭脏器。

（6）取样时，尤其是肠道多段取样时，可以切取 1cm×1cm×1cm 的肠段放入病理组织包埋盒内，并用铅笔标记取样部位等信息。

（7）取样后，必须标记黑叶猴信息、采集信息、采集时间等。最好每个脏器单独放入采样袋或采样盒内。样品放入病理组织包埋盒后，只能用铅笔标记，以防止标记内容在固定液中变模糊。

2. 病料的保存（固定）

病料固定的目的是为了使细胞内的物质尽可能地接近动物生前的状态、结构和形状，便于切片和观察。

（1）固定方法　将固定的组织浸入固定液中，固定液不仅要没过组织，还要与固定的组织保持（1～2）：1 的体积比，这是因为在送检和保存过程中，

固定液可能会挥发，导致组织固定不完全。对于在固定液中处于漂浮状态的脏器如肺等，可以用玻片等物质将其压至固定液下层。

（2）常用固定液

① 10％福尔马林固定液　即福尔马林溶液 1 份，蒸馏水 9 份。

② 10％中性福尔马林固定液　即福尔马林溶液 12mL，$NaH_2PO_4 \cdot H_2O$ 4g，Na_2HPO_4 13g，蒸馏水 880mL。

③ Bouin 固定液　即苦味酸饱和水溶液 75mL，甲醛 25mL，冰醋酸 5mL。用于组织学和免疫组织化学固定。

④ Carnoy 固定液　即无水乙醇 6 份，冰醋酸 1 份，三氯甲烷 3 份。用于染色体、DNA、RNA、糖原的固定。

3. 送检

病料在福尔马林中固定最短 24h、最多 1 个月，否则会影响切片制作的效果。冰冻切片要求样品立刻放入 −20℃ 条件下保存，并在 24h 内完成送检。

由于固定液是挥发性、刺激性的有机溶剂，需要快递送检时，必须事先与快递公司进行沟通。送检过程中，务必保证采样盒、采样袋等密闭，并做好防漏措施。

（二）微生物学检测材料的采集、保存与送检

微生物学检测材料的采集要求在没有其他微生物污染的情况下进行，因此病料采集时必须要做到以下几点：①遵循先微生物后病理取样的原则，首先采集用于微生物检测的病料；②取样用具要事先消毒（灭菌），取样环境要尽可能无菌；③取样时间要尽早，如初步诊断为病毒性疾病时，需要从活体动物上采集病料，则应在发病初期、急性期或发热期等采集。

1. 病料的采集

（1）细菌性实质脏器的样品采集　先剪开皮肤，暴露腹膜，用酒精对腹膜或真皮层进行消毒后，再打开腹腔暴露采样脏器。用经火焰消毒的刀片烧烙脏器表面，再用剪刀剪取脏器的深部组织，大小为 $1\sim2cm^3$，并将剪取的组织触压于血平板等培养基上。同时制作触片，保存于灭菌的容器内。

（2）细菌性液体病料的样品采集　脓液、血液、渗出液、胆汁等表面经烧烙后，用灭菌注射器吸取样品并保存于检测培养液和灭菌采样瓶中，或触压于血平板等培养基上。

（3）细菌性全血的样品采集　无菌操作采集样品，并保存于加抗凝剂的无

菌试管内。

抗凝剂用法用量：①4％枸橼酸钠 0.1mL，用于 1mL 血液的抗凝；②20％枸橼酸钠 2～3 滴，用于 5mL 血液的抗凝；③10％乙二胺四乙酸钠 2～3 滴，用于 5mL 血液的抗凝；④肝素 1mg，用于 1mL 血液的抗凝。

（4）细菌性肠道内容物和肠壁的样品采集　烧烙组织表面，吸取内容物并保存于灭菌容器中；也可将肠段（6～8cm）两端结扎后送检。

（5）脑、脊髓的样品采集　常用于病毒学检测，将无菌采集的样品放入甘油盐水溶剂中或冷冻保存。

2. 病料的保存

（1）细菌学检测材料的保存

①组织块　一般用灭菌的液状石蜡、30％甘油缓冲盐水溶液或饱和氯化钠盐水溶液浸泡。

30％甘油缓冲盐水溶液的配制：纯甘油 30mL，氯化钠 0.5g，碱性磷酸钠 1g，0.02％酚红液 1.5mL，中性蒸馏水加至 100mL。混合后 0.1MPa 高压灭菌 30min。

②液体材料　保存于密封的灭菌试管内，可用石蜡或密封胶封口。

③各种涂片、触片　自然干燥后装盒冷藏。

（2）病毒学检测材料的保存

①组织块　浸入 50％甘油缓冲盐水溶液中。

50％甘油缓冲盐水溶液的配制：氯化钠 2.5g，酸性磷酸钠 0.64g，碱性磷酸钠 10.74g，加中性蒸馏水至 100mL，纯中性甘油 150mL，中性蒸馏水 50mL。混合后高压灭菌 30min。

②液体材料　灭菌试管严密封口，低温保存。在 4℃可以保存数小时，在 −70℃条件下可长期保存。

3. 送检

样品装入密封容器后，在容器外贴上标签，注明病料的名称、采集时间等，并及时送检。

（三）寄生虫检查材料的采集、保存与送检

寄生虫不仅能导致黑叶猴发病，还能导致其机体出现缺乏营养、抵抗力下降等问题，因此有必要对黑叶猴的寄生虫感染情况进行长期监测。寄生虫不同时期的虫体形态不同，因此在遇到寄生虫病例时，要注意尽量将寄生虫的虫

体、虫卵都进行保存，以便鉴定虫种。

1. 病料的采集

（1）检测血液内原虫时，可直接制作血涂片或在血液样品中加入抗凝剂后进行检测。检测组织内原虫时，一般在解剖时制作抹片进行检测。

（2）检测蠕虫时，常规收集 3～5g 粪便，也可用棉拭子从肛门内采集少量粪便进行检测。检测蛔虫、线虫时，可将虫体收集于生理盐水中清洗，然后保存于固定液中。检测绦虫时，为保证虫体完整，应当将附着有虫体的器官剪下，一同投入生理盐水中 5～6h，虫体会自行脱落，体节自行伸直。

2. 病料的保存

蛔虫洗净后，保存在 10％福尔马林或 70％酒精中，固定液加热到 70℃左右后投入虫体，标明采集部位；线虫洗净后保存于煮沸的 5％甘油酒精中。

3. 送检

因送检样品多为粪便，所以应尽早送检，避免因粪便发酵而影响检测结果。

（1）对于新鲜病料，应在 2h 内送检，气温高时要加冰块冷藏已固定的病料；用瓶或塑料袋密封包装。

（2）病料送检时应附相关说明，包括检测的目的与要求、基本情况介绍（包括病史、组织种类与数量等）。

（3）对采集到的样品，需要由专人送检。

（4）样品需要运输时，一定要保证样品密封，且送检人员应注意自身和他人的安全。

七、黑叶猴常见疾病的诊治案例

（一）细菌性疾病

1. 大肠杆菌病

大肠杆菌病是由致病性大肠杆菌引起的人兽共患传染病。其病型复杂多样，可引起动物严重腹泻或败血症，也可引起各个器官的局部感染，还可以表现为中毒症状。多数温血动物均可感染大肠杆菌病。

大肠杆菌可引起局部或全身性疾病，包括急性型或致死型的败血症、肠炎和脓肿等。致病菌多导致幼龄动物腹泻，在新生幼仔中可见未出现腹泻症状即发生死亡的急性肠炎病例，有时可表现为急性败血症。患败血症型大肠杆菌病的黑叶猴表现为厌食、体温升高和渐进性沉郁。不同部位的原发性感染表现为感染部位的炎症。各个年龄段的黑叶猴均会发生大肠杆菌病，特别是幼仔更易感，常发生严重腹泻及败血症。一项关于贵州地区圈养野生动物常见疾病的调查显示，在调查的 12 只患大肠杆菌病的黑叶猴中，有 10 只死亡，致死率83%（张向鹏，2003）。已分离到的黑叶猴致病性大肠杆菌的血清型为 O111、O147：K88 和 O55：K59（B5）。

剖检变化因感染病原的毒力、感染部位以及黑叶猴年龄的不同而表现各异，但多以消化系统病变为主。胃、肠有不同程度的卡他性炎症或出血性炎症，黏膜水肿或出血，严重者肠黏膜坏死、脱落。有时可见肠系膜淋巴结充血。败血型病例有时无特征性变化，可能表现为肝脏肿大、呈黄褐色、有出血点或坏死灶，脾脏及肾脏点状出血或肠系膜淋巴结充血。

大肠杆菌病的治疗方法是抗生素治疗及支持治疗。需要加强对病猴的护理并给予营养充足的饮食，还可以投喂乳酸杆菌以调整其肠道菌群。

2. 结核病

结核病是由结核分枝杆菌引起的人兽共患的慢性传染病。本病的特点是在组织器官形成肉芽肿和干酪样钙化结节。病变主要侵害肺，也可以侵害肠、肝脏、脾脏、肾脏和生殖等器官组织，甚至引起全身性病变。

贵州某动物园一瘦弱黑叶猴死亡后，取肺部肿块结节检验确诊为结核杆菌病。患病的动物和人是本病的传染源，尤以开放型结核病的动物或患者为主要的传染源，痰液、粪尿、乳汁及生殖道分泌物均可带菌，病菌通过污染饲料、饮水、其他物品等经消化道和呼吸道传播，交配亦有感染的可能。

黑叶猴发生严重感染时，表现为疲倦、精神萎靡、离群、被毛粗乱、呼吸困难和迅速消瘦。发生全身性结核病的症状是触诊肝、脾肿大，局部淋巴结肿大，甚至破溃排出脓汁。

结核病的特征性病变是在各组织器官中发生增生性或渗出性炎症，当感染的菌量少、毒力弱或机体免疫力较强时，表现为结核结节（结节性肉芽肿）的形成。当机体免疫反应强时，结核结节中央可发生干酪样坏死。当感染的菌量增多、毒力强、机体免疫力弱时，组织病变以渗出性炎症为主，随后发生干酪样坏死、化脓或钙化。

可以使用化学药物治疗结核病，如使用异烟肼治疗。长期治疗不见效果时，应联合使用多种抗结核药物，必要时分离病原进行药敏试验以指导用药。

3. 葡萄球菌病

葡萄球菌在自然环境中分布广泛，也是人和动物体表及上呼吸道的常在菌。多种动物和人均有易感性，且可通过多种途径感染。葡萄球菌常引起皮肤的化脓性炎症，也可以引起菌血症、败血症和各内脏器官的严重感染。

贵州某动物园有 2 只幼年黑叶猴感染金黄色葡萄球菌，经治疗后 1 只痊愈，另 1 只死亡。破裂和损伤的皮肤黏膜是葡萄球菌入侵机体的主要门户，甚至可经汗腺、毛囊进入机体组织，引起毛囊炎、疖、痈、蜂窝织炎、脓肿以及坏死性皮炎等。经消化道感染可引起食物中毒和胃肠炎；经呼吸道感染可引起气管炎、肺炎。葡萄球菌也常与其他病原微生物混合感染或成为继发感染的病原。

良好的饲养管理是控制本病的关键，其次要注意消毒，如手术操作、动物外伤、脐带伤、擦伤等应严格实施消毒操作。葡萄球菌对多种药物敏感，易对抗菌药物产生耐药性。临床治疗时可以对菌株进行分离培养并进行药敏试验，根据试验结果选择适当的抗生素治疗。对皮肤或皮下组织的脓疮，可行外科手术治疗。

4. 巴氏杆菌病

巴氏杆菌病是由多杀性巴氏杆菌和溶血性巴氏杆菌引起的传染病的总称，又称出血性败血症。急性病例以败血症和炎症出血过程为主要特征；慢性病例的病变只限于局部器官，常表现为皮下结缔组织、关节及各脏器的化脓性病灶。

贵州某动物园的 2 只黑叶猴出现四肢冰冷、严重呕吐（呕吐物带血样液体）、便血、气喘、鼻腔中流出大量粉白色泡沫样物质、心律失常和食欲废绝等症状，经口服和注射抗生素治疗后有 1 只黑叶猴死亡，剖检见胃肠黏膜大面积充血和出血；胃肠系膜严重充血；气管及鼻腔中有大量带血样泡沫；肝脏表面有不同程度的瘀斑，边缘出现梗阻性坏死；肺脏出现大小不一的瘀斑；肾脏充血严重；脾脏色泽变深、变硬。对该病死黑叶猴的心脏、肝脏、脾脏、肺脏、血液进行细菌分离培养，经细菌生化特性鉴定为溶血性巴氏杆菌。

防控本病首先应增强黑叶猴机体的抵抗力。平时注意提高饲养管理水平，避免黑叶猴拥挤和受寒，消除可能降低机体抗病力的因素，对饲养笼舍定期消毒，保证笼舍通风。同时饲养人员应做好个人防护。

5. 浅黄金色单胞菌病

浅黄金色单胞菌是一种肠杆菌。该菌为需氧菌，进行严格的呼吸型代谢，生长于 $18\sim42$℃，在固体培养基上呈灰白至深黄色。该菌是近年来发现的一种较罕见的条件性致病菌，在一般环境中的生存能力尚不清楚，对人和其他温血动物存在条件致病性。

江苏某动物园的 1 只黑叶猴出现食欲减退、精神不佳等临床症状后，于 3d 后出现食欲废绝、粪便稀软等症状，体温达 39.6℃，经输液和抗生素治疗无效后死亡。剖检见腋下、腹股沟淋巴结发生肿大；心包积液；肺边缘气肿，弹性降低；腹腔有腹水，约 50mL，呈淡黄色、透明；肝脏肿大、硬化，表面有大量白色坏死灶；脾脏呈三角形，表面有大量白色坏死灶；胃内有大量内容物，黏膜脱落；从回肠至直肠段有大量大小不等的溃疡灶，大多呈"鞋"状，溃疡灶表面呈麸皮样；其他脏器未发现肉眼可见的病变。无菌采集心、肝、脾、回盲肠病料接种血平板进行细菌分离培养，经细菌生化特性鉴定为浅黄金色单胞菌。

该病例发病急，临床症状不典型，从出现临床症状至死亡仅 3d 时间，临床诊断难度较大。目前该菌在野生动物中的传播方式、致病机制尚不清楚。防控该病首先应从提高黑叶猴抵抗力入手，加强饲养管理，尽可能为黑叶猴提供适宜的饲养环境，避免其处于长期应激状态。

6. 破伤风

破伤风是破伤风梭菌经由皮肤或黏膜伤口侵入机体，在缺氧环境下生长繁殖，产生毒素而引起肌痉挛的一种特异性感染。破伤风毒素主要侵袭神经系统中的运动神经元，临床上以病猴表现牙关紧闭、阵发性痉挛、强直性痉挛为主要发病特征，潜伏期通常为 7~8d。病猴一般有外伤史，或有时无任何明显伤口。根据病猴有无外伤感染史，临床出现的牙关紧闭，以及由全身各部位骨骼肌发生痉挛所引起的颈项强直、角弓反张与呼吸困难等，可做出破伤风的初步诊断。治疗可使用大剂量的破伤风抗毒素、抗生素，对于肌肉严重痉挛症状，采用有效的镇静药物。尽量在短时间内恢复其身体机能。对于不能采食的病猴，要进行人工填食，避免剧烈的刺激，增强其消化系统机能；对于全身不能运动的病猴要经常进行按摩、翻身等护理，促进全身血液的流通。

破伤风如果治疗不及时，死亡率较高，发病动物往往最终因呼吸困难而死亡。目前，本病的主要预防措施为在动物发生外伤或咬伤后，及时注射破伤风抗毒素。动物园在平时饲养黑叶猴过程中，要及时观察黑叶猴身体行为，发现外伤要及时处理并注射破伤风抗毒素，若已发病，应根据破伤风的发病特点采取有效的治疗措施，并在治疗过程中加强人工护理。

（二）寄生虫性疾病

圈养条件下，黑叶猴等食叶猴类可发生多种寄生虫病，如贵州某动物园的黑叶猴粪便中含有十二指肠钩口线虫（*Ancylostoma duodenale*）和蛔虫（*Ascaris lumbricoides*）（刘洪波等，1988）；湖北某动物园的黑叶猴肠道内含有哈特曼内阿米巴（*Entamoeba hartmanni*）和粪类圆线虫（*Strongyloides stercoralis*）等8种寄生虫（魏兰英等，1990）；成都动物园内的黑叶猴粪便中含有毛首线虫卵（王成东等，2001）；太原动物园内的黑叶猴粪便中含有蛔虫（赵文娟，2010）；广州市某野生动物园的黑叶猴消化道内含有毛首线虫、蛔虫、粪类圆线虫和绦虫（罗琴等，2015）；南京红山森林动物园的黑叶猴小群感染了附红细胞体（Eperythrozoon，EH）（程家球等，2012）。

1. 蛔虫病

蛔虫病的病原主要是猴弓蛔虫，其寄生在小肠和胃内，影响黑叶猴的生长发育，主要危害幼猴。

蛔虫虫卵随粪便排出体外，在适宜的条件下经3～5d发育为内含幼虫的感染性虫卵，黑叶猴吞食了感染性虫卵后，虫卵在肠内孵化成幼虫。幼虫穿透肠壁进入血循环，行至肺部，再沿气管和咽部至口腔，又被咽下至胃和小肠后发育为成虫。蛔虫虫卵对外界因素有很强的抵抗力，很容易污染黑叶猴所吃的食物、饮水和活动的环境。妊娠雌猴可经胎盘将病原传染给胎儿。

蛔虫病主要危害幼仔，临床上以消瘦、发育迟缓为主要表现。病猴先腹泻后便秘、腹痛、呕吐。大量虫体聚集在小肠，可引起肠梗阻、肠套叠，甚至肠穿孔而死亡。有时虫体释放的毒素可引起神经症状。幼虫移行到肝、肺，可引起肝炎、肺炎的临床症状。

用直接涂片法和浮集法可在粪便中检查出虫卵，或在粪便中检查到成虫即可确诊。临床上使用盐酸左旋咪唑、丙硫苯咪唑、甲苯咪唑、伊维菌素或塞拉菌素等药物进行治疗。

2. 鞭虫病

鞭虫病，又称毛首线虫病，是由毛首线虫寄生于动物的盲肠而引起的寄生虫病。鞭虫虫卵随粪便排出体外，在温暖潮湿的条件（33～37℃）下经15～20d发育为感染性虫卵，此时虫卵内含有幼虫；当黑叶猴吞食感染性虫卵后，虫卵进入肠道并孵出幼虫；幼虫附着在大肠上，经1个月发育为成虫。虫卵对外界环境有较强的抵抗力，对寒冷和冰冻的耐受性强，在自然状态下，虫卵可保持5年的感染力。

轻度感染时机体常不出现明显症状，或仅排间歇性软便或带少量黏液性血便。重度感染时，病猴出现大肠炎症，腹泻，粪便中混有鲜红色血液，有时粪便呈褐色，恶臭，逐渐出现贫血、脱水等全身症状。鞭虫对幼仔危害性大，可导致死亡。

临床检查方法及驱治方法可参考蛔虫病。

3. 类圆线虫病

类圆线虫病是由类圆线虫科的粪类圆线虫寄生于小肠而引起的疾病，其临床特征主要表现为皮炎、支气管肺炎、腹泻、脱水和衰弱等。

寄生于宿主小肠黏膜的雌虫产出的卵，很快形成卵胚，孵化后随粪便排出体外，形成杆状蚴，在适宜的外界温度（27℃）和湿度下，经2～3d发育为自生性成虫。在外界条件差的情况下，杆状蚴直接发育为具有感染性的丝状蚴。丝状蚴可经皮肤或消化道感染宿主。丝状蚴直接钻入皮肤，经淋巴进入血液；也可经口腔感染，经消化道黏膜进入血液，经心、肝移行到肺脏，然后上行到咽喉部，经吞咽到达消化道并在宿主的小肠定居，经3～5d发育为成虫。一般感染后经7～10d即可从宿主粪便中排出幼虫。

病猴主要表现为皮炎，局部出现瘙痒和红斑。同时出现食欲减退、眼角脓性分泌物增多、咳嗽等症状，接着出现腹泻、脱水、衰弱、贫血、消瘦等恶病质症状。腹泻若是非出血性的，一般很快康复；若为出血性则预后不良。

4. 阿米巴病

阿米巴病是由阿米巴原虫引起的一种以持续性腹泻或下痢为特征的人兽共患原虫病。本病原为痢疾阿米巴，也称溶组织内阿米巴，有滋养体和包囊2种形态。阿米巴包囊随污染的食物或饮水进入黑叶猴的消化道，在小肠下段从囊壁逸出，经过一系列复杂的变化分裂成4个单核的小滋养体，以细菌为营养，经二次分裂繁殖成很多的滋养体。小滋养体有些停止活动形成包囊，有些则再侵入大肠壁并落入肠腔，随粪便排出体外。大滋养体侵害肠壁引腹泻和痢疾，当机体抵抗力强或受到治疗时，大滋养体从肠壁落入肠腔又变成小滋养体，再形成包囊排出体外。大滋养体也可以直接形成包囊。

本病呈世界性分布，热带和亚热带较为流行，但在卫生状况差的情况下，温带和较冷地区的感染率和热带地区一样。本病的传染源为虫体携带者。滋养体对外界自然环境的抵抗力很差，会很快死亡。包囊的抵抗力较强，慢性期和无症状的带虫者排出的包囊是主要的传染源，蝇类、蟑螂能传播包囊。包囊对干燥、热及化学药物敏感。

本病的典型症状为持续腹泻，粪便中带有血液或黏液。急性型危害极大，病猴出现急性出血性结肠炎症状，致死率很高。慢性型病例表现为间断性腹泻。病猴有时出现肝、脑和其他组织脓肿。阿米巴原虫感染可以使用甲哨唑、强力霉素等药物治疗。

5. 疟原虫病

已知疟原虫广泛寄生于脊椎动物体内，有 130 余种，主要由按蚊传播。

灵长类动物感染疟原虫可见发热、精神沉郁、食欲减退至废绝、张口呼吸、四肢末梢发凉、痉挛抽搐、口吐白沫等症状。血液涂片可见白细胞数量减少，红细胞内有红色环状虫体。剖检变化可见肝脏肿大；脾脏肿大；肺脏充血，色鲜红，膈叶下部呈点状或斑块状出血，切面流出淡红色泡沫状液体；肾脏表面散在少量出血点；心肌松软，外膜散在小出血点等。

病理学观察可见肝细胞颗粒变性，实质细胞稀少，肝细胞内可能含有数量不等的虫体。脾髓质充血、出血明显，淋巴细胞数量减少，髓索内见疟原虫及褐色色素，局部可见网状细胞增生。肺脏可见肺泡壁毛细血管明显充血、出血，泡壁增厚且含有少量水肿液。部分肺泡壁可见少量环状的虫体。肾脏皮质局部灶性充血明显，肾小管上皮细胞肿胀并呈颗粒变性，可见褐色色素和数量不等的虫体。心脏心肌纤维间毛细血管充血，肌纤维肿胀，横纹不清，呈颗粒变形甚至坏死，部分心肌细胞内含有少量环形虫体。

青蒿素、双氢青蒿醚对疟原虫感染有一定的治疗效果。

6. 贾第虫病

贾第虫病是由贾第虫寄生于肠内并以腹泻为主要症状的一种人兽共患寄生虫病。贾第虫病的病原主要是蓝氏贾第虫。贾第虫有滋养体和包囊 2 种形态。包囊是由鞭毛的轴柱组成丝状物，并有 2～4 个核。包囊在增殖时，每个包囊进行 2 次分裂形成 2 个虫体。

临床上主要通过口腔感染贾第虫包囊，包囊进入消化道后在十二指肠脱囊变成滋养体。滋养体利用吸盘吸附在肠壁上，寄生于小肠前部，有些则落入肠腔，随食糜到达肠腔后段形成包囊，包囊随粪便排出体外。通常包囊出现在正常的粪便中，而滋养体则存在于腹泻的粪便中。

贾第虫病是通过滋养体吸附在肠黏膜表面，对肠黏膜造成机械性刺激，使肠黏膜的吸收能力降低，引起肠胃功能紊乱和腹泻。各种年龄的黑叶猴都可以感染。严重感染时病猴出现以腹泻为主的临床症状，表现食欲不振、胃肠胀气、消瘦、贫血、被毛粗糙，腹泻时粪便中常混有黏液和血液。

7. 附红细胞体病

是由附红细胞体寄生于红细胞表面及血浆中引起动物发生以高热、贫血、黄疸为主要症状的一种传染病。本病一般发生于高温潮湿季节，主要传播途径有接触性、血源性、垂直性及吸血媒介昆虫，是一种人兽共患病。

2011年7月，南京红山森林动物园同一笼的4只黑叶猴出现全身无力、呼吸急促、口腔等可视黏膜苍白等贫血症状，血液检查严重稀薄，不易凝结，常规检查显示白细胞总数升高，但是中性粒细胞严重下降，接近于0；红细胞和血红蛋白值严重下降，为正常值的一半左右；血液生化检查结果未见明显异常。血液压片镜检，发现大量附红细胞体，3d后患病黑叶猴全部死亡。4只黑叶猴剖检结果基本一致：全身皮下广泛性出现水肿、出血，其中胸肌、臀部肌肉内有大量出血；注射及输液治疗部位出血严重；心肌苍白，表面有少量出血点；肺脏苍白；肝脏呈淡土黄色，边缘有出血斑，表面有大量白色坏死灶；脾脏稍肿大，表面有出血点。

附红细胞体病的诊断主要根据流行病学资料、临床上出现贫血等特征性症状、病理变化及血液学检查结果。还可进行结合补体结合试验、间接血凝试验及荧光抗体试验等血清学方法进行辅助诊断。

患病动物为主要传染源。附红细胞体的传播途径主要有3种：①经吸血昆虫和节肢动物（尤其蚊、鳌蝇、虱、螨、蜱等）传播，这是目前公认的一种最为主要的传播方式。上述这些昆虫和节肢动物的传播机制目前尚不清楚。②垂直传播，主要指胎儿在母体中或在分娩过程中发生的母源性传播。③血液传播（机会性传播），指动物之间通过摄食血液、食入含血的食物、舔伤口、咬尾或喝被血污染的水、交配等相互传播病原。本病一年四季均可发生，但以蚊虫滋生的5—10月多发。

目前国内外还没有预防本病的疫苗。消灭动物体表和居住环境的吸血昆虫对于本病的控制具有重要意义。强力霉素是治疗本病的有效药物，恩诺沙星可作为有效的替代药物。

8. 猴虱病

据报道，上海动物园引进4只幼小的黑叶猴，检疫时发现这些黑叶猴全身寄生有大量虱子，经鉴定均为叶猴虱（*Pedicinus ancoratus*），属于猴虱科（Pedicinidae）中的一种（施新泉等，1985）。

叶猴虱主要寄生于猴体表的毛发里，以吸食机体血液为生，可出现皮疹、皮下出血，常因搔抓而出现皮肤抓痕、渗液、血痂或继发感染，长期感染的机体出现营养不良及消瘦。治疗虱病以灭虱及灭卵为主（如双甲脒或塞拉菌素透皮剂），如果有皮损，可以给予糖皮质激素或止痒剂外用，继发感染者，用抗生素治疗。

9. 弓形虫病

刚地弓形虫是一种分布于世界各地的人兽共患病原体。与其他顶复门原虫不同，弓形虫具有广泛的宿主谱，可感染人类、鸟类及其他哺乳动物，甚至在一些海洋生物中也有弓形虫感染的报道。弓形虫最早于 1908 年由研究利什曼原虫的科学家 Nicolle 和 Manceaux 从北非突尼斯的刚地梳趾鼠（*Ctenodactylus gondii*）的肝脾单核细胞中发现，并描述了弓形虫的无性生殖阶段——速殖子；1909 年根据速殖子形态（如"弓"）和寄生的宿主名称，将其命名为"*Toxoplamsa gondii*"。在我国，弓形虫由恩庶于 1955 年从兔和猫的体内发现并分离；1970 年左右在猫小肠中发现弓形虫的有性阶段，从此人们开始对弓形虫有了进一步的了解。

弓形虫在不同的发育时期、外界条件、宿主体内呈现出不同形态特征，主要包括速殖子（假包囊）、包囊（缓殖子）、配子体（雌配子和雄配子）、卵囊（子孢子）4 种。

游离的速殖子呈新月形，前部尖端，后部圆形；一边扁平，另一边较膨隆，以内二芽殖法在宿主细胞内发育生殖，一般发育到几个至 20 多个速殖子，外面包裹着一层膜，称之为假包囊。虫体经吉姆萨染色后可见胞浆呈蓝色，胞核呈紫红色，位于虫体中央；在核与尖端之间有染成浅红色的颗粒，称副核体。速殖子是弓形虫急性感染包囊，呈圆形，包囊的整个生命周期都保持在细胞内，宿主细胞的死亡可能触发包囊壁的破裂，并随之释放缓殖子。成熟的包囊包含上千个密集的缓殖子，又叫作囊虫。缓殖子的结构、形态以及感染力方面与速殖子无明显区别，但虫体配子体阶段只存在于猫科动物小肠上皮细胞内。一般情况下，裂殖子在宿主体内进行数代的裂殖生殖，形成裂殖体后，游离的裂殖子侵入新的肠上皮细胞，经过数代裂殖生殖发育为（大）雄配子和（小）雌配子，雌配子体积可达 $10\sim20\mu m$，核染呈深红色，较大，胞质呈深蓝色；雄配子体较少，成熟后形成 12～32 个雄配子，其两端尖细，长约 $3\mu m$。雌雄配子受精结合发育为合子（zygote），而后发育形成配子母细胞，进而发育为配子体。当时机成熟时，便开始进入有性生殖阶段开始形成卵囊的发育。卵囊呈圆形或椭圆形，只能在猫科动物小肠绒毛上皮细胞内发育繁殖。刚形成的卵囊不具有感染性，称为未孢子化卵囊（unsporulated oocyst），随粪便一起排出到外界环境中，在理想的温度和湿度条件下，经过 1～5d 孢子生殖，发育为具有感染性的孢子化卵囊，含有 2 个孢子囊，每个孢子囊包含 4 个子孢子。卵囊壁可以保护弓形虫抵抗外界物理、化学伤害，使其在外界环境中可以存活长达一年以上。

弓形虫具有复杂的生活史，它不仅可以在中间宿主和终末宿主之间相互传播，还可以通过食肉行为在中间宿主之间传播，甚至在终末宿主之间传播。在特定环境中，有性和无性周期的传播动态与生理特征以及中间和终末宿主种群的结构有关。

黑叶猴患病初期表现为精神不佳，1～4d后出现厌食、嗜睡、呼吸困难，妊娠雌猴流产，并出现死亡。死亡的黑叶猴肺脏严重水肿、出血，肝脏和脾脏肿大、出血，其中肝脏表面呈土黄色，淋巴结肿胀，切面呈干酪样变化。

传统的弓形虫病诊断方法包括流行病学调查、临床和病理变化观察、病原学诊断、血清学诊断和分子生物学诊断。病原学诊断方法是在虫体分离后，通过制作切片和涂片在光学显微镜下观察来确定是否存在虫体感染。但是该方法也存在一定的缺陷，可结合血清学检测方法，如ELISA等，这对于慢性非活动型弓形虫感染特别重要。

同居感染的可能性不大，感染的途径主要为笼舍内及周边有较多鼠类或猫的活动，通过鼠、猫的粪便感染，也有可能因携带弓形虫的鸟类粪便污染黑叶猴的食物而发生感染。

目前治疗药物的作用机制主要是攻击弓形虫的速殖体（tachyzoite form），但无法根除弓形虫的缓殖体（bradyzoite encysted form）。建议以多种药物组合来治疗弓形虫感染，乙胺嘧啶（Pyrimethamine）目前被认为是最有效的对抗弓形虫感染的药物，因此药物组合建议以乙胺嘧啶为基底，再加入其他药物来协同治疗。

目前国内外还没有预防本病的疫苗。预防弓形虫感染可以定期在黑叶猴等食叶猴类笼舍周边开展灭鼠工作，禁止在笼舍周边饲养家猫和家犬等动物，并禁止流浪猫、野鸟进入食叶猴类笼舍或展区。有条件的机构可定期开展弓形虫血清学监测，根据监测结果制定或调整相应的防控方案。

（三）内科病

1. 胃肠炎

胃肠炎通常因病原微生物感染引起，也可由化学等因素引起。病猴的典型临床症状为腹泻、恶心、呕吐及腹痛。病猴主要表现食欲下降、不愿活动、喜欢蜷缩一角；粪便通常稀软，严重时出现水样腹泻，有时呈黏液状。感染病原微生物主要由于病毒、细菌、寄生虫引起。剧烈的呕吐和腹泻可以很快导致机体脱水、电解质紊乱。可以进行实验室粪便微生物检查及血液常规检查。治疗严重病例时应禁食，根据致病原因对症治疗，为病猴补充体液、调整电解质平衡，也可以进行抗菌、抗病毒、驱虫等针对性治疗，待病情好转，饲喂易消化的多汁饲料及树叶等。在黑叶猴饲养上，应加强笼舍卫生消毒，保证供给饲料的质量安全。

2. 肠梗阻

广西梧州市园林动植物研究所有 3 只黑叶猴发生肠梗阻，经治疗无效全部出现死亡（赖茂庆，2005）；重庆动物园有 2 只黑叶猴发生肠梗阻，其中 1 只死亡（杨晓黎，2002）。黑叶猴发生肠梗阻的原因主要是由于较长的植物性纤维或毛发等异物被食入时，在胃肠道某部位形成障碍，导致出现梗阻症状，一般临床上多发于幽门及十二指肠。

临床上发生肠梗阻时，病猴出现食欲下降、坐立不安、喜趴卧、粪便量较少等症状。严重时腹痛症状明显，会出现呕吐。触诊时腹壁紧张，上腹部有硬物。治疗方法包括轻度症状时可灌服油剂，同时进行抗感染治疗；严重时应考虑手术疗法，剖腹探查梗阻部位，手术取出梗阻物。预防本病的措施包括圈养条件下增加笼舍丰容设施以增加黑叶猴的活动量，供给较嫩的植物性纤维饲料，树枝类要切成 10cm 左右的小段，并每天详细观察粪便情况，出现干硬粪便要及时调整饲料，可以在饲料中添加纤维素酶进行预防。

3. 急性胃扩张

黑叶猴在饲养中由于饲喂不当可引起急性胃扩张，严重者出现急性死亡。黄圮（1984）曾报道，由于南京玄武湖动物园的保育员对叶猴动物的生活习性不熟悉，缺乏饲养管理经验，在饲喂中给予饼干、奶、蛋、黄豆等精饲料，尤其是炒熟的黄豆，引起某些叶猴动物出现胃胀气（急性胃扩张）并死亡，其中白头叶猴 2 只、灰叶猴 1 只、黑叶猴 5 只；此外游客投喂食物过多，加之日常精饲料饲喂过多，导致 2 只黑叶猴出现胃胀气而死亡。

病猴主要的临床表现为突然出现胃臌气，腹部胀大挺起，触诊腹壁紧张，按之有弹力犹如充气的球胆，在腹部轻轻抚摸，动物频频嗳气。疾病病程发展很快，往往一天内死亡。叩诊腹部呈鼓音，病猴时时排出软粪。有时病猴出现呕吐，呕吐物会被吸入肺内，使鼻孔流出很多气泡食渣，进而出现呼吸困难、鼻孔颤动、肺部听诊有很粗的气管啰音。病程大多预后不良。

4. 盲肠非特异性溃疡

刘永张（2012）曾报道，昆明动物园有 1 只成年雌性黑叶猴于 2011 年 2 月 19 日突然发病，临床上无典型症状，后因救治无效而死亡。依据其临床症状、实验室检测结果，该黑叶猴诊断为盲肠非特异性溃疡。

病猴临床上出现精神沉郁、食欲废绝、四肢抓握无力、常常蜷缩于圈舍一角。病情恶化时体温低于 35℃，可视黏膜苍白，四肢厥冷，长时间低头、弓背，嗜睡，双手拢于腹部，间歇性全身震颤，不时有呼唤同伴的哀鸣声。病猴坐立时外观腹围微膨，侧卧时臌气不明显，触诊腹部柔软，有疼痛感，疼痛区呈弥散型。呼吸呈潮式，心律失常、心音减弱，一度表现为间歇性震颤。后期外周刺激反应迟钝，四肢冰凉，震颤消失。

该黑叶猴从发病到死亡，病程约 19h。整体表现为发病急、病程短，生命体征急剧恶化。临床剖检发现盲肠臌气、膨大，距回盲口约 4cm 处有一个黄豆大的溃疡灶，大小为 14cm×5cm×0.2cm，在其中可见 1.2cm×1cm×0.6cm 的肠黏膜隆起，隆起的中间见直径为 0.6cm 的溃疡。盲肠溃疡部病理显示，溃疡直径为 0.6cm，盲肠黏膜水肿、坏死，并有大量嗜中性粒细胞浸润。

非特异性溃疡病可能系良性肿瘤脱落后黏膜破损的炎症反应，也可能和长期应用某种药物、应激状态、巨细胞病毒感染等有关。最终确诊需要对结肠镜活检标本或采集标本进行病理检查。在黑叶猴疾病诊治中少见该类型疾病的报道。在无特殊检查措施辅助的情况下，本病仅判断为肠应激综合征，发病初期应果断采取开腹探查和手术措施，可确诊本病并提供有效的治疗。

5. 肝脓肿

赖茂庆（2003）曾报道，广西梧州市园林动植物研究所有 1 只黑叶猴发生肝脓肿。1984 年，这只成年雄性黑叶猴出现精神不振、食欲下降、不愿活动、喜卧、有时双手抱腹，随着病情加重，出现共济失调、痉挛甚至昏迷症状，最终死亡。

临床检查病猴体温极不稳定，在 36～41℃ 波动，病初体温升高，后期体温常低于 37.5℃。触诊肝脏下垂、肿大、硬化，有痛感。死亡后剖检变化主要为腹水较多，肝脏下垂、肿大、硬化。肝脏左叶与腹膜和膈有 3 处粘连，粘连长度分别为 2.5cm、1.5cm 和 1cm。表面散见大量呈纽扣状的肝脓肿病灶，不规则地镶嵌于整个肝脏（包括肝表面和深部）。肝脏表面比较大的脓肿共有 8 个，直径在 0.8～1.6cm。剖开脓肿腔可见大量呈淡黄色胶冻状的脓液。

黑叶猴发生肝脓肿的原因比较复杂，主要为化脓性细菌感染引起（化脓菌转移并引起肝脏感染，逐渐形成肝脓肿）；或病猴长期采食霉败饲料、有毒植物或误食含有化学毒物的饲料，有毒物质损害肝脏可引起发病；也可能是由于某些严重感染性疾病的并发感染产生的毒素刺激肝脏，继发本病。本病发生后，药物治疗基本无效。因此，做好饲养管理和疾病预防特别重要。预防措施包括：①加强饲养管理，不喂发霉、腐烂、变质的饲料，防止有毒植物及化学毒物引起黑叶猴中毒；②加强卫生防疫，防止感染，增强肝脏功能；③定期进行体检，进行血液常规检查及肝脏功能检查，做到早预防、早发现、早治疗。

6. 肺炎

肺炎主要由病原微生物、理化因素等引起。细菌性肺炎是最常见的肺炎，也是最常见的感染性疾病之一。引起肺炎的病原微生物很复杂，包括细菌、病毒、支原体等。临床上，黑叶猴常见的细菌性致病微生物主要有克雷伯氏肺炎球菌、金黄色葡萄球菌、溶血性链球菌、流感嗜血杆菌、大肠埃希菌、绿脓杆菌等。

初期病猴出现不食、高热、咳嗽等上呼吸道症状；严重时鼻腔有脓鼻液或红色分泌物流出，咳嗽症状加剧，继而出现呼吸困难等症状。应注意鉴别诊断，进行微生物培养鉴定，并做药敏试验，采用敏感药物进行治疗。圈养条件下，本病一般发生于冬季、早春，笼舍温度过低或气温度急剧下降时，可诱使黑叶猴发生肺炎；环境卫生状况差、笼舍不通风、饲料霉变等因素也是引起黑叶猴发生呼吸道感染的一大因素。

7. 肾盂肾炎

肾盂肾炎是肾盂黏膜和肾实质的炎症，主要由细菌（链球菌、葡萄球菌、大肠埃希菌、绿脓杆菌等）及毒素引起。笼舍卫生条件较差，交配期间由于过度交配引起雌猴上行性泌尿系统感染；黑叶猴身体其他部位的病灶扩散或转移等均可引发本病。

病猴出现食欲减退、精神萎靡、体温升高、饮水量增大；尿淋漓，尾毛、两后肢被尿液污染。雌性病猴阴道黏膜潮红，外阴松弛呈现一空洞（此为本病的特征性表现）。当感染严重累及肾脏引起肾盂肾炎时，病猴不食，暴饮。病猴多尿或无尿，眼睑水肿，触诊发现肾脏肿大；有时同时表现呼吸急迫或腹泻。进行尿液检查，包括尿蛋白、红细胞、上皮细胞及管型。尿液细菌培养，多为大肠埃希菌或溶血性链球菌。雄猴发病，表现为包皮、阴囊严重水肿，呈透明状，有时波及下腹部和眼睑，两后肢按压呈捏粉状，四肢无力，行走困难。

主要根据临床检查、尿液常规检测及血液肾功能检查做出诊断。临床治疗可依据尿液细菌培养、药敏试验结果，选择敏感抗生素进行治疗，其次可使用利尿药物，促使尿液及炎症渗出物排出。死亡病猴病理剖检主要发现肾脏肿大，有坏死灶，有尿毒症或脓毒血症的病变。

在日常饲养中应做好笼舍环境、栖架等的卫生消毒，特别是交配期应仔细观察黑叶猴的精神和食欲状态，尽早发现尿液性状的异常变化并及时诊治。

8. 老年性肾病

阚腾程（2007）报道了南宁动物园 1975—2005 年间的病历记录，30 年中共有 14 例黑叶猴死于肾性疾病或患有肾病的病例，其中 1999—2005 年间共发生 11 例，其余 3 例发生在 1986—1998 年。临床症状为：病猴食欲废绝，精神委顿，弯腰低头，可视黏膜苍白，有时出现流涎，两上肢收于腹部或趴在地上；尿少、无尿或尿失禁，触诊可以摸到单侧或双侧肾肿大；体温正常或偏低，病程一般为 3～15d，治疗效果不明显，病死率高达 90%，原发性肾病死亡率达 100%。14 例老年肾病病例中：有 9 例伴随有肺部病变，占比为64.29%；有 8 例伴随有肝脏病变，占比为 57.14%；全身性病变的有 5 例，占比为 35.71%；另有 5 例进行实质器官组织样品接种培养出现革兰氏阴性杆菌。从这些病变及其占比可以看出，病猴死亡除衰老的因素外，还与全身感染或局部感染有关。

肾脏主要剖检病理变化为：严重的肿胀、增生，有时甚至是正常肾脏的 2～3 倍，有些病例出现单侧肾萎缩。肾脏与包膜粘连，肾脏表面凸凹不平，切面皮质与髓质界线模糊，实质化或硬化，切面有粗糙感，组织切片检查有钙盐沉着。

根据流行病学分析，黑叶猴老年性肾病与性别无显著差异，空间异质性也无特殊危险性，外界因素仅存在弱的正相关。感染可能是一种加速疾病暴发的因素，细菌培养结果革兰氏阴性杆菌感染率达 35.7%。由于机体多器官的病变和衰竭，加速了动物的死亡转归。减少交叉感染可能会延缓肾病的发生。该动物园 1975—2005 年的饲养和病历记录表明，老年黑叶猴绝大部分死于与肾脏有关的疾病，尽管同期肺脏和肝脏疾病发病率也较高，但诊断和解剖结果都与肾脏进行性衰竭有关，原发病往往都是肾脏疾病所致，因此可以认为老年性肾病已是老年黑叶猴最主要的死亡因素之一。从统计学上看，发病季节及年限具有周期性，体现出老年性肾病与气候具有一定的关联性，恶劣天气使机体抵抗力下降，病情加重，尤其以老年动物表现明显，并最终引发老年性肾病。

9. 中暑

中暑大部分出现于炎热的夏季，是以机体体温调节障碍，水、电解质平衡失调，心血管和中枢神经系统功能紊乱为主要表现的一种症候群，也称"日射病"或"热射病"。黑叶猴一旦发生中暑症状，轻症病猴出现共济失调、流涎、呕吐，重症病猴出现严重呕吐甚至昏迷。检查病猴体温较高，可达40℃以上，并出现流涎、呕吐，步态不稳，严重时倒地昏迷，抢救不及时出现死亡。

根据饲养环境温度及临床症状可初步确诊，病猴出现症状时应立即将其转入通风、阴凉处（空调房为宜），头、身体、腋下、腹肌沟等部位用凉水降温，治疗应强心利尿、缓解脑水肿及肺水肿、纠正水和电解质紊乱以及酸中毒。在饲养上，预防主要以避免阳光直射、保持笼舍通风、降低笼舍环境温度为主。

（四）外科和产科疾病

1. 创伤

创伤是黑叶猴常见的疾病之一。除无菌手术外，创伤一般伴有不同程度的微生物等污染。创伤的主要原因有个体间的打斗、笼舍设施不当导致的动物被划伤等。损伤包括撕裂伤以及脸部、颈部、脊柱和腿部的骨折。

局部症状表现为出血和组织液外流；组织断裂或缺损；创伤疼痛，机能障碍。全身症状表现为在重度创伤时出现急性贫血、休克；因重度感染而发生败血症等。

局部检查主要针对创伤的部位、大小、形状、方向，创缘、创壁、创底的情况，创口裂开的程度，创内有无异物，创伤组织挫灭、出血和污染的程度等；当创伤内有创液或脓液流出时，要检查其性状及排出情况等；当创伤已有肉芽组织形成时，要检查肉芽组织的数量、颜色、生长发育的情况等。

治疗的基本原则是及时止血，解除疼痛，防止休克，预防和治疗感染，纠正水和电解质紊乱，消除影响创伤愈合的因素，加强饲养管理，注意术后护理。

局部治疗的操作方法如下：

（1）止血　可根据出血的部位、性质和程度，采取压迫、填塞、钳压、结扎等止血方法，也可于创面撒布止血粉，必要时可应用全身止血药。

（2）创围清洁　清理创围时，可用灭菌纱布覆盖伤口创面，以防异物落入创口内。对创口周围的被毛进行剃毛和清洁，可用3%过氧化氢除去被毛沾染的血液或分泌物，再用75%酒精或2%碘酊消毒创口周围皮肤。

（3）创口清洁　揭去覆盖创口的纱布，用生理盐水冲洗创面，清除创面的异物、血凝块或脓痂。切除坏死、严重污染的皮下组织。切除挫灭、坏死的皮肤创缘，形成平整的皮肤创缘，以便缝合。对于创腔深、创底大的创道，或因创道弯曲而不便于从创内排液时，可在创道最低处、靠近体表的健康部位做一适当切口以便排液。

（4）创口缝合　对创口进行缝合可防止创口继发感染，有助于止血，防止创口裂开，为组织再生创造良好条件。可根据受伤时间、创伤大小、创伤部位、伤后初期处理、创口污染程度，来确定创口处理后是否缝合。适合于初期缝合的条件是创口无严重污染，创缘及创壁完整，且具有活力，创内无较严重的出血和较大的血凝块，缝合时创缘不因牵引而过分紧张，不妨碍局部血液循环等。可按临床情况，做创伤初期密闭缝合、创口部分缝合。也可先用药物治疗 3～5d，待无创口感染后再实施缝合，即延期缝合。

（5）创伤换药　检查伤口是否有肿胀、疼痛、波动、渗出。愈合良好的创伤，一般不必再进行换药，术后 10d 拆除缝线即可。如创口出现局部肿胀、波动、渗出，可将创口缝合线部分拆除或全部拆除，继续做冲洗、引流等清创处理。

黑叶猴发生创伤后是否需要全身治疗，应视具体情况而定，疼痛剧烈时，可使用镇痛药；创面严重污染或化脓时，应使用抗生素或其他抗菌药物，并根据伤情的严重程度，进行必要的补液和强心，并注射破伤风抗毒素或类毒素。

2. 截肢术

（1）适应症　患有早期良性/恶性骨肿瘤者；肢体严重感染/坏死变形，保守疗法失败，有或无败血症倾向者；肢体血液供应出现问题，存在严重坏死者；良性骨肿瘤经保肢手术后失败者；四肢其他类型的恶性肿瘤扩散至骨组织者；陈旧性断肢手术遗留有后遗症，需再次整形者；复杂性骨折或严重感染治疗失败者；神经严重受损，不能治疗，并严重影响动物的生活和活动者；复杂性骨折无法治疗者，或是经治疗失败者。

（2）截肢类型　一般截肢部位有以下 4 种类型：

①前肢及肩胛骨全去除　从肩胛骨处开始整个前肢离断是比较常用的一种前肢的截肢方法。具体操作为剪断相应肌肉，横侧截断腋动脉、静脉、臂神经丛，移走前肢，缝合肌肉盖住血管和神经，缝合皮肤。

②前肢肱骨中段去除　具体操作为在肱骨远端三分之一处切开皮肤，横侧截断相应肌肉和神经，在肱骨中段离断肱骨，挫平断端，缝合肌肉包住肱骨，缝合皮肤。

③后肢股骨近端三分之一去除　后肢股骨近端去除是后肢截肢最常用的一种方法，该部位可以有足够的肌肉组织包裹股骨断端。操作方法与前肢肱骨中段去除类似。

④后肢髋骨关节去除　如果肿瘤或损伤部位接近股骨中段，一般要考虑从髋关节处进行分离，离断股骨头和髋臼，切除整个后肢。如果肿瘤损伤到股骨头，则要考虑切除部分骨盆。

（3）截肢步骤　确定截肢类型后应充分了解手术入路和相应的局部解剖结构，以及需要切断的肌肉和血管神经的位置。

①皮肤切开　应先预留较多的皮肤组织，以便截肢后修整、缝合。

②肌肉切断　预先估计截骨位置，在截肢位置远端逐层切断肌肉，预留多余肌肉。

③神经血管切断　血管进行双重结扎后剪断，神经应在注射局部麻醉药封闭后结扎截断。

④骨骼/关节离断　找到截骨位置后剥开骨膜，用骨锯或线锯截骨，或者从关节处分离。用骨锉将截骨面磨平滑，用生理盐水冲洗后准备缝合。

⑤肌肉缝合　可吸收线逐层对合肌层，包住骨截面，剪去多余的肌肉做到无过多张力同时又不臃肿影响滑动。

⑥皮肤缝合　根据切口大小修整皮瓣。缝合皮下组织，缝合皮瓣，避免死腔。

（4）术后护理　术后应用常规抗生素，术部软垫包扎（尤其前肢截肢），可以防止渗出，避免黑叶猴截肢后因无法站立而摔倒，造成自我损伤。一般10d左右伤口即可恢复。

李毅峰等（2013）报道了广西梧州市园林动植物研究所1例雄性黑叶猴截肢手术，该病猴左手腕以下已被完全咬掉，肿胀部位已发展至肘部，决定实施左前臂截肢手术治疗。受伤黑叶猴术前禁食24h，麻醉用陆眠宁Ⅰ，按0.04mL/kg（体重）肌内注射，15min后病猴进入深度麻醉状态。术部消毒：在肘部上、下各5cm范围内剃毛，先用碘酊消毒，再用酒精脱碘。患部切除：先用止血带在左上臂绑紧，在左肘部往下约3cm处环形切开皮肤，翻开皮肤并在肘部位置切割肌肉组织，用止血钳夹紧主要血管止血，钝性分离肘部骨关节，分离前臂，锯掉桡骨突出部分约2cm，剔除周围的碎骨及肌肉组织。出血血管结扎止血，结节缝合肌肉与皮下组织，解开止血带，清理伤口处血液，观察有无出血，最后结节缝合外表皮肤，使皮肤完全包裹住伤口，避免外露，并修剪多余的皮肤。肌内注射鹿醒宁Ⅰ使病猴苏醒。术后加强护理，并肌内注射抗炎药和止血药，伤口用碘伏湿敷，隔日更换。经过治疗和精心护理，伤口愈合良好。

3. 剖宫产

由于雌性黑叶猴过早配种，或体格小、产道狭窄，或胎儿过大等因素，在分娩过程中可引发难产，紧急情况下需要剖宫产。

黑叶猴的分娩大多在夜间，如果早晨发现笼舍地面只有血性浆液排出，但未见母体抱持婴猴、雌猴辗转不安、无食欲、疲劳无力、较少见到怒责，则可能是难产的征兆。捕捉检查时，雌猴腹部膨大，可触到胎儿；阴道指检可发现胎儿前置部分，但有时因胎儿未进入产道，仅可见少量血性液体。产道骨骼变形时，指检可能有异常发现。可通过B超或X线检查，进一步确诊。

（1）临床症状　病猴精神沉郁，不喜动，不食，阴道口流出血液或血渍，早期可见努责症状，后期努责症状消失，肌内注射催产素无明显效果时适宜行剖宫产手术。

（2）剖宫产过程　病猴麻醉后以仰卧位固定于手术台上。下腹部正中用肥皂水打湿，剃毛并清洗皮肤，用2%碘酊、75%酒精消毒，放置消毒好的方巾及洞巾，并用巾钳固定。常规切开腹壁，暴露子宫。在子宫前壁正中，用无齿钳提起子宫壁，切开一小口，然后用剪刀向上剪开，不伤到胎盘、胎膜，切口长度以能使胎儿顺利取出为宜，用无齿卵圆钳钳夹子宫切口。如遇子宫壁出血量大，要及时用止血钳止血和/或纱布压迫止血。轻轻挤压子宫，当胎儿被挤出时将其连同胎膜一起拉出，结扎并剪断胎儿脐带，将胎儿体表的液体擦干，将口腔内液体清除。用0.9%生理盐水冲洗子宫后缝合子宫创口，如果发现胎儿死亡并腐烂，则将整个子宫和卵巢一起切除。使用医用羊肠线缝合子宫。检查切口及腹腔内有无出血，应彻底止血；检查子宫及双侧附件有无异常；清除腹腔积液及血凝块。仔细清点敷料和器械，避免遗漏；常规缝合腹壁，创面用2%碘酊消毒。

（3）术后护理　应用全身抗生素3~5d，同时给予易消化、富含营养的饲料。可适当补钙、补糖。可注射催产素，促进恶露排出和子宫复旧。

贵阳黔灵山动物园有1只雌性黑叶猴出现难产症状，人工助产无效后，决定施行剖宫产（张玲莉等，2007）。将雌猴仰卧保定，术前肌内注射硫酸阿托品和氯胺酮。术部常规剃毛消毒，距肚脐下1~2cm作一长8~10cm的腹正中线切口。切开腹壁后，其创缘垫无菌纱布，以免肠管脱出。用管钳夹住腹膜，剪开后即可见子宫，此时左子宫角已腐败、变绿、恶臭。将子宫拉至创口外，分辨子宫体与子宫角交界处，并在子宫和腹壁切口之间填塞大块无菌生理盐水纱布。然后在右侧子宫大弯上作 6～8cm 长的切口，用产钳伸入子宫腔内直接夹住胎儿，取出胎儿。考虑到左子宫角已腐败、变绿、恶臭，感染严重，并逐步向右侧蔓延，应先做好止血结扎的准备后，再行切除子宫，撤除填塞创口周围的纱布，并用生理盐水彻底清洗腹腔。缝合腹壁前用稀释的甲硝唑进行腹腔灌注，间断缝合腹膜、肌层、皮肤。用组织镊将皮肤对接好后，用碘酊、酒精消毒，创口用纱巾敷贴后，再用绷带缠紧固定。术后将雌猴放在温暖、宽敞、清洁、安静的地方。术后 1～3d 给予病猴强心、补液、解毒及抗菌药物，实行专人昼夜监护。术后 2d 喂以水果、牛奶等食物，以后饲喂营养丰富、易于消化的饲料。术后 7d 拆除缝线，病猴基本恢复正常。

4. 直肠脱垂

直肠脱垂，俗称脱肛，是指黑叶猴直肠的末端黏膜层或部分直肠经肛门向外翻转脱出，并且不能自行回缩的一种疾病。直肠脱垂的发生主要是由各种致病原因引起的直肠病变及肛门括约肌松弛所致。

长期腹泻或顽固性便秘、腹泻以及阴道炎、尿道炎、尿道结石等生殖泌尿系统疾病均能引起直肠脱垂。过度拥挤、斗殴、奔跑、剧烈运动、捕捉，均会引起直肠脱垂；转移过程中拥挤、颠簸也会引发直肠脱垂。若雌性黑叶猴过肥或妊娠后期腹压过高，直肠受到子宫压迫，或肛门括约肌出现松弛，均会诱发直肠脱垂。此外，产仔时腹压过高、分娩时间较长，体虚、肛门括约肌松弛无力，也会导致直肠脱垂。遗传性因素包括直肠脱垂病史的亲本猴只，其后代发生该病的概率极大。

发病时可见病猴肛门周围湿润，尾根被粪便污染，有时会从肛门内流出红色黏液，脱出的直肠长短不一。直肠脱垂初期脱出的部分柔软，呈粉红色，随着时间的推移，脱出的部分因粪便等污染、损伤及压迫，会出现充血、水肿、变硬、变黑，甚至黏膜破裂、坏死，引发肠管破裂。

黑叶猴早期发生轻度直肠脱垂，一般不需要处理，注意观察即可；对于不能自行复位的病猴，用生理盐水冲洗，以 75％酒精棉球轻擦脱出部分后还纳复位。当直肠脱出时间较长，出现黏膜水肿、破裂、出血时，用 0.1％高锰酸钾溶液洗去脱出部分表面的污物，并用消毒过的针头轻刺肿胀部位，轻压挤出水肿液，然后在损伤部位涂红霉素软膏，将病猴倒提，使用生理盐水浸泡过的纱布热敷，并按压脱出部位，还纳后，对肛门进行荷包缝合，缝合时松紧适度，中间留有间隙，以便稀粪排出。对于脱出的肠管坏死严重或破裂、无法整复的病猴，须采取直肠部分截除术进行治疗。

病猴隔离，进行单笼饲养及观察治疗，注意保暖，保持安静，3d 内禁食，正常饮水，3d 后可以少量饲喂流质饲料，1 周后逐渐恢复正常饮食。

对黑叶猴直肠脱垂进行治疗时，根据发病部位、外观及特征性临床症状，极易做出诊断。但必须准确判断脱出的肠管中是否有套叠现象。判断单纯性直肠脱垂和套叠性直肠脱垂的方法主要有以下 2 种：①触压早期脱出的肠管，前者整体空虚感强，比较软，而后者可触摸到一段坚实、无弹性的肠管；②可进行消化道灌服硫酸钡和计算机 X 线断层扫描（CT）鉴别，能够对肠套叠做出准确诊断。若为轻微性肠套叠，手术时可将套叠部位用手指适当挤压并还纳腹腔，可以有效防止肠套叠的再次发生。

南宁动物园（杨露等，2017）笼养的 2 只老龄黑叶猴先后出现脱垂症状（阴道脱垂、直肠脱垂）。一只老龄雌性黑叶猴（24 岁）于 2014 年 9 月 3 日产仔 1 只，次日表现烦躁、紧张，只见阴道部分脱出，长度约 3cm，黏膜充血、肿胀，表面干燥，呈暗红色，阴门松弛不能自行回缩，确诊为阴道脱垂。2015年 2 月 24 日发现另一只老龄雄性黑叶猴（25 岁）直肠脱出，外观呈球状，长约 5cm，黏膜鲜红。当年 9 月 13 日该老龄黑叶猴再次出现直肠脱垂，情况基本同前次，直肠脱出约 5cm，充血、肿胀，黏膜鲜红，但精神、食欲、排泄均表现正常，经采取手术复位、口服中西药物、护理治疗等措施后得以康复。

（五）其他疾病

1. 药物过敏

赖茂庆（2003）报道，广西梧州市园林动植物研究所在 1973—2001 年的 28 年中，共治疗黑叶猴的各种疾病 1 200 多例（次），先后有 8 例发生了药物过敏病例。其中青霉素过敏 1 例，氯胺酮过敏 3 例，青霉素和氯胺酮混合过敏 4 例，经过紧急抢救全部存活。

青霉素过敏病例：雌性黑叶猴，6 岁 9 月龄，体重 6kg。因外伤缝合治疗，肌内注射氨苄青霉素 160 万 U，约 1h 后表现精神沉郁、体软无力、坐立不稳，立即皮下注射盐酸肾上腺素 0.67mg，肌内注射扑尔敏 10mg、地塞米松 10mg，约 1h 后逐渐恢复正常。

氯胺酮过敏病例 1：雌性黑叶猴，13～15 岁，体重 7.5kg。因该雌猴弃仔，故用氯胺酮将其麻醉，让幼仔吸乳。肌内注射盐酸氯胺酮 60mg，10min后该雌猴出现腹式呼吸和手脚抽搐症状，立即皮下注射盐酸肾上腺素 1mg 和尼可刹米 0.375g，肌内注射地塞米松 10mg，再过 10min 后，腹式呼吸和抽搐症状逐渐缓解，又过 10min 后上述过敏症状完全消失。

氯胺酮过敏病例 2：雄性黑叶猴，14 岁 3 月龄，体重 8kg。因检验血色素用氯胺酮对其进行麻醉抽血。肌内注射盐酸氯胺酮 50mg，15min 后该雄猴出现腹式呼吸和腹部抽搐症状，立即皮下注射尼可刹米 0.375g，肌内注射地塞米松 5mg，静脉推注地塞米松 5g，再过 5min 后上述症状逐渐消失。

青霉素和氯胺酮混合过敏病例 1：雌性黑叶猴，8～9 岁，体重 6.5kg。因治疗产后子宫脱出，肌内注射盐酸氯胺酮 50mg，处理脱出的子宫后肌内注射青霉素钠 160 万 U，再过 30min 该雌猴逐渐清醒，但又过 30min 出现昏迷症状，立即皮下注射盐酸肾上腺素 0.67mg 和尼可刹米 0.25g，1h 后逐渐恢复正常。

青霉素和氯胺酮混合过敏病例 2：雌性黑叶猴，13～15 岁，体重 7.5kg。因该雌猴弃仔，故用氯胺酮将其麻醉，让幼仔吸乳。肌内注射盐酸氯胺酮50mg，48min 后追加注射 25mg，再过 5min 又追加注射 25mg，同时肌内注射氨苄青霉素 240 万 U，不久该雌猴出现腹式呼吸和手脚抽搐症状，立即皮下注射盐酸肾上腺素 1mg 和尼可刹米 0.375g，肌内注射扑尔敏 10g 和地塞米松10mg，20min 后，上述过敏症状才完全消失。

黑叶猴发生药物过敏的概率较低，一旦发生，若不及时进行抢救性治疗，则很可能会导致死亡。综合临床出现的药物过敏情况，青霉素类抗生素与麻醉药物发生过敏反应的概率较大，建议在对黑叶猴使用青霉素类抗生素和氯胺酮前应做好药物过敏的预防工作，具体措施如下：①曾发生过青霉素轻度或中度过敏的病猴，先肌内注射扑尔敏和地塞米松，约 10min 后再注射青霉素，可明显减轻甚至避免发生过敏症状；②曾发生青霉素或氯胺酮过敏的病猴，最好换用其他抗生素及麻醉药，以免再次发生过敏；③在疾病治疗过程中确实需要使用易过敏药物时，应提前准备急救的药物如肾上腺素、尼可刹米、地塞米松以及扑尔敏等。

2. 幽门腺癌

石家庄动物园曾有 1 只 2 岁的雄性黑叶猴表现精神不振、畏寒、少食或拒食、烦躁、消化不良和腹痛等病症，经治疗无效死亡。尸体病理诊断为幽门高分化腺癌。剖检可见：机体消瘦，黏膜苍白，肛门周围、尾、臂部及后腿等处黏附粪便、污物；胃体积增大，占据腹腔的2/3，胃内充满气体和多量食糜及少量未消化的玉米粒；胃壁菲薄，胃膜呈灰白色，胃黏膜增厚且易剥离，胃底黏膜下有出血，出血范围为7cm×5cm；幽门狭窄，黏膜脱落，呈红褐色，表面有排列整齐的圆形小结节（1.0mm×1.0mm），或有小的浅表溃疡，切面呈黄白色；十二指肠黏膜可见水肿并有充血和出血；肠系膜表面呈浅红色；肝脏充血、出血；肾脏肿大，充血、出血，被膜不易剥离。

3. 癣

癣又称皮肤霉菌病或皮肤丝状菌病，是由寄生于皮肤角蛋白组织的浅部真菌感染所引起。本病属于由小孢子菌属和毛癣菌属的一类皮肤真菌引起的兽类、禽类及人的一种疾病，其特征是菌体寄生在被毛、表皮及趾爪的角质蛋白组织中，引起皮炎、脱毛，并形成鳞癣样痂皮。皮肤癣菌病常被称为钱癣或金钱癣、脱毛癣等。

患病动物病变部位脱落的毛和皮屑含有病原菌丝和孢子，会不断污染环境，且在环境中保持很长时间的感染能力。国内某动物园曾发生幼年黑叶猴患皮肤癣菌病的病例，主要在病猴的大腿、手臂内侧及腹部呈现圆形癣斑，并能连成一片。癣斑处被毛折断或脱落，症见瘙痒，病猴皮肤因过度抓挠而出现损伤。患病过程中病猴精神食欲正常，被毛较蓬乱。在梅雨季节，饲养管理不佳的饲养机构易出现本病。

环境中传染性皮肤真菌孢子是本病主要的病原微生物，皮肤真菌在污染环境和机体中可存活一年以上。由于很难控制在土壤中的真菌，因而预防癣散布的主要手段应该是排除和销毁从病变部位脱落的传染性碎屑。需要对环境进行彻底消毒，减少孢子在环境中散播的机会。

应改善卫生条件，使笼舍通风良好，降低湿度，让黑叶猴皮肤保持干燥，以利于本病的治疗。治疗患病动物时，应先剪去癣斑周围的被毛，用肥皂水清洗并除掉痂癣后，使用抗真菌药物涂擦，并可口服一些抗真菌药物。对笼舍可以使用次氯酸钠或0.5%过氧乙酸或2%热氢氧化钠等消毒液彻底消毒。

八、黑叶猴等食叶猴类的病毒性疾病

（一）基萨那病和阿尔库尔马出血热

基萨那病（Kyasanur forest disease，KFD）和阿尔库尔马出血热

（Alkhurma homorrhagic fever，AHF）属于蜱传病，可导致人类的严重出血热。有学者（Work 等，1957）在印度卡纳塔克邦基萨那森林的发病猴和即将死亡的猴子身上首次发现了基萨那病病毒（KFDV）。阿尔库尔马出血热病毒（AHFV）与 KFDV 具有显著的核苷酸序列同源性（为 89％）。因此，AHFV 被认为是 KFDV 的一个变体。据推测，AHFV 可能源于沙特阿拉伯的 KFDV。这两种病毒均被美国国家过敏和传染病研究所列入危及生命的 C 类病原体，并且只能在生物安全 4 级（BSL4）实验室才能处理病原。

KFDV 和 AHFV 属于黄病毒科中的黄病毒属，病毒颗粒大小为 40～65nm，具有一个二十面体核衣壳。基因组由一个正向单链 RNA 组成，长度为 10 774nt（核苷酸），编码一个蛋白，翻译后分裂成 3 个结构蛋白：衣壳蛋白（C）、前体膜蛋白（prM）和包膜蛋白（E），同时编码 7 个非结构性蛋白：NS1、NS2A、NS2B、NS3、NS4A、NS4B 和 NS5。

KFDV 在印度南部卡纳塔克邦希莫加地区的基萨那森林被发现后，通过监测发现该地区几乎每年都会暴发猴类的疫情（Bhatt 等，1960）。哈奴曼叶猴（*Semnopithecus entellus*）和邦尼特红脸猕猴（*Macaca radiata*）通常在 12 月至次年 5 月发生较大面积的死亡，这一期间正是血蜱若虫的活跃期。人类进入受影响地区收割水稻、收集柴火和林产品会增加与蜱的接触机会，使每年暴发的病例数达 200～500 例。这些病例仅限于卡纳塔克邦的希莫加地区。1971—1982 年，不只限于卡纳塔克邦，在印度其他地区也有人感染 KFDV 的病例报道，猴类也被证实感染了 KFDV；2015 年，印度的瓦亚纳德暴发了一场 KFDV 疫情，导致大量猴子出现致命的感染和 18 例人类确诊病例（Chakraborty 等，2019）。

1995 年有学者从沙特阿拉伯吉达的一名屠夫中分离到 AHFV；2001—2003 年在麦加和 2003—2009 年在沙特阿拉伯南部的纳杰兰又报道了其他病例。在 2010 年，两名从埃及沙拉廷返回的意大利旅客感染了 AHFV。进一步的报道还表明，在非洲的吉布提存在阿尔库尔马出血热，从当地的蜱虫中分离出 AHFV RNA；从希腊、土耳其捕获的未成熟的麻点璃眼蜱中也检测到 AHFV RNA。KFDV 和 AHFV 感染的最初症状与其他病毒性疾病如登革热、裂谷热（RVF）和克里米亚—刚果出血热（CCHF）相同，也有重叠的流行地区。这一事实可能导致过去对阿尔库尔马出血热和基萨那森林病实际病例的误诊和漏报。在候鸟携带的未成熟的麻点璃眼蜱中也检测到 AHFV RNA（Memish 等，2014；Madani 等，2011）。

印度西高止山脉的常绿森林为蜱提供了理想的地形和气候条件，因此，该地区成为蜱传播疾病的重要区域。KFDV 的迅速传播在很大程度上归因于人类在森林的偷猎、收集木材和腰果以及整理农业和工业用地。黑脸叶猴是 KFDV 的天然宿主，它使人类直接接触受感染的蜱的风险增加。景观的变化促使宿主物种向新的森林栖息地迁移，从而也改变了蜱的种群动态。黑脸叶猴正被当地人类猎杀以获取肉类。由于偷猎活动，驱使黑脸叶猴迁移到新地区，从而增加了疾病传播的可能性。此外，蝙蝠和鸟类等高度流动性的宿主在传播疾病方面也发挥着潜在的作用，因为它们可以将蜱传播到更广泛的地区（Cutler 等，2018）。

在非流行地区出现的蜱媒疾病可能与牲畜的移动和候鸟迁飞引起的病原传播有关。KFDV 和 AHFV 可引起食叶猴类的出血热，其致死率高达 85%，潜伏期为 2～4d。基萨那森林病和阿尔库尔马出血热为出血性疾病，偶尔伴有脑炎。病理组织观察可见肝、脾、肾坏死，偶尔在胃肠道也有坏死症状。血液生学检测异常：肝转氨酶升高，肌酐、磷酸激酶升高和血液尿素氮水平升高，嗜酸性粒细胞、中性粒细胞和淋巴细胞减少，在发生疾病的第一周内中性粒细胞计数低于 2 000 个/mL。

KFDV 和 AHFV 感染的常用检测方法为 RT－PCR 和 RT－qPCR，这些检测依赖于从感染动物的血液样本中扩增出 NS5 区域的病毒基因组。另一种诊断方法为酶联免疫吸附试验（ELISA），用于检测动物血清中的 KFDV/AHFV 特异性抗体。IgM 抗体可在症状出现后 5d 左右被检测到。

目前，还没有抗病毒药物可以治疗感染 KFDV 或 AHFV 的黑叶猴。病猴管理包括通过静脉输入胶体液和电解质来维持适当的水和电解质平衡，维持机体状态和血压，并根据临床体征和症状治疗任何并发症。

由于 KFDV 和 AHFV 都是蜱传黄病毒，因此预防的重点是采取措施驱杀蜱，避免在风险区域接触蜱。驱虫项圈也可用于家畜，杀螨剂可以有效地杀死牲畜身上的蜱。

（二）双逆转录病毒感染

非人灵长类动物自然携带外源性逆转录病毒，包括猴类双逆转录病毒（SRV）、猿类泡沫病毒（SFV）和猿类嗜 T 淋巴细胞病毒（STLV），这些病毒可以建立持续感染。逆转录病毒感染通常最初是亚临床的，这是一种具有特殊流行病学意义的现象，因为受感染的动物通常被忽视，易导致病毒传播。食叶猴类是 SRV－6 的自然宿主，而 SRV 是一种免疫抑制综合征的病原，这可以解释一些圈养叶猴的高发病率和死亡率的原因。

　　SRV 是一种有包膜的 RNA 逆转录病毒。成熟的病毒粒子包含一个二十面体衣壳，它由一个与包膜相关的外壳和一个内核糖核蛋白核心组成。从宿主细胞膜出芽时获得的一种含有病毒糖蛋白的脂质双分子层，包围着衣壳。胞外成熟颗粒直径约为 125nm，表面短而不规则分布，为 6～8nm。在双逆转录病毒中，病毒衣壳在迁移到质膜之前，在细胞质内以 A 粒子的形式预先组装（也适用于 B 型逆转录病毒）。

　　内源性和外源性猴类双逆转录病毒已从非人灵长类动物中分离出来，目前有 5 种已知的外源性血清型。从印度的一种哈奴曼叶猴（*Semnopithecus entellus*）中分离出一种新的猴外源性双逆转录病毒 SRV-6，该病毒是叶猴的外源性逆转录病毒，可能来自内源性 D 型叶猴病毒 Po-1-Lu。

　　SRV 感染的临床和病理表现可从亚临床不明显的带毒状态到致命的免疫抑制疾病，两者之间有许多差异。在感染 SRV 的猴类中，常见的症状包括腹泻、体重减轻、脾肿大、淋巴结肿大、贫血、中性粒细胞减少、淋巴细胞减少和偶尔的肿瘤疾病。胃肠道也是 SRV 的一个常见靶点，在没有任何其他肠道病原体的情况下，会发生可检测到的病变。组织学上，病猴胃肠的特征性病变是淋巴细胞和浆细胞浸润到固有层，并伴有小肠中的绒毛钝化。同样重要的是由特定的条件致病病原微生物引起的组织病理学病变，包括巨细胞病毒、隐孢子虫和念珠菌等。

　　血液学异常是 SRV 感染的显著特征，贫血和/或中性粒细胞减少症在试验和自然获得性感染中可以被观察到。但贫血和中性粒细胞减少的机制尚不清楚。然而，SRV 引起相关粒细胞减少症说明造血干细胞受病毒直接影响，骨髓单核细胞显著减少。

　　在圈养黑叶猴中，可通过一系列测试，从群体中移除感染动物来控制和消除 SRV。这一策略包括血液抗体检测、病毒分离或前病毒 DNA 检测，随后从群体中移除阳性动物。最初，酶免疫分析法（EIA）、Western blotting、病毒分离株的电镜观察和（或）免疫荧光检测被重复用于抗体筛选和病原确认，以此建立猴类 SRV 检测最具敏感性和特异性的检测系统。抗体和病毒的平行检测是关键，因为一些感染 SRV 的黑叶猴没有可检测到的抗体，或在感染（通过前病毒 DNA 检测确定）和血清转化之间的间隔时间延长。这种双重技术对于进口动物的筛选至关重要。现在，病毒分离在很大程度上已被聚合酶链式反应（PCR）技术所取代，该技术提供了一种快速、灵敏（检测血液中 SRV 的单个前病毒副本）、特异性强（更少的假阳性）和可靠的筛选诊断工具。此外，酶免疫分析法正在被新技术取代，如多重微珠免疫分析（MMIA），该技术应用彩色编码的珠子包被特定的 SRV 抗原，允许从样本捕获和检测特定的分析物作为激光激发内部染色物，从而识别每个珠颗粒。与 EIA 相比，使用 MMIA 具有同等甚至更高的敏感性和特异性。

部分试验证实，接种疫苗可以有效保护猴类免受 SRV 感染。有两种不同的疫苗可供接种：用福尔马林灭活的全 SRV－1 疫苗，以及表达 SRV 包膜糖蛋白 gp70 和 gp22 的牛痘病毒重组疫苗。牛痘病毒载体 SRV－2 疫苗可引发抗体依赖性细胞介导的细胞毒性（ADCC），由于基因相似性，接种的猴类中，SRV－1 和 SRV－3 疫苗对多种血清型 SRV 表现出交叉保护，但可能需要进行更多的测试来确定重组疫苗的有效性以及交叉保护性。

（三）戊型肝炎

戊型肝炎（Hepatitis E，HE）是重要的人兽共患传染病之一，其病原是戊型肝炎病毒（Hepatitis E virus，HEV）。

戊型肝炎病毒在电镜下呈二十面体对称结构，直径大小为 32～34nm，是肝炎病毒科（Hepeviridae family）肝炎病毒属（*Hepevirus*）的成员，病毒粒子具有单股正链基因组 RNA，病毒粒子外没有囊膜包裹，基因组 RNA 呈现两种不同的形态。戊型肝炎病毒在宿主肠道等弱碱性环境中能够相对稳定地存在，在有镁离子和锰离子存在的碱性条件下也可以稳定存在。

戊型肝炎病毒既可以感染猪、鸡、猪等家畜和家禽，也可以感染人以及非人灵长类动物。经粪-口途径可以引起本病的暴发流行，血液传播途径可以导致本病的散发流行。戊型肝炎感染的对象主要以成体与亚成体动物为主，感染以后患者表现出黄疸症状，与甲型肝炎的临床症状十分相似，感染往往呈现自限性经过。妊娠的灵长类动物（包括人）感染本病以后症状和危害相对比较严重，可导致流产。戊型肝炎呈现全球分布，是影响公共卫生安全的主要因素之一。

黑叶猴感染戊型肝炎病毒后，病理组织学主要表现为毛细胆管内胆汁淤积、典型的门脉区炎症、淋巴细胞出现坏死性炎症以及细胞浸润现象，恢复期肝细胞坏死消退，部分肝细胞水样变性。

黑叶猴感染戊型肝炎病毒除了临床症状和病理组织学变化可以作为诊断依据外，确诊主要依赖于戊型肝炎病毒的检测。检测方法包括：免疫电子显微镜技术、免疫荧光技术、免疫印迹、酶联免疫吸附试验、RT－qPCR 检测技术和荧光定量 PCR 技术。

预防应从戊型肝炎流行的三个环节入手，首先应切实改善流行地区的环境卫生，切断戊型肝炎流行的传染途径，尤其要保持饮用水源的卫生，避免动物饮用不洁净的水；其次要加大对传染源的监测，尤其要加大对食源性传染源的监测，杜绝动物摄入未经烹饪的动物源性食物，特别是动物内脏；最后是针对易感动物积极研发有效的疫苗，但因戊型肝炎病毒目前没有稳定的培养系统，所以要依赖 DNA 疫苗等新型疫苗的研制。

（四）黄病毒感染

黄病毒科（Flaviviridae）是由国际病毒命名委员会于 1986 年设立的一种新的病毒科。感染动物因黄热病病毒感染而导致黄疸症状，故称黄病毒。该病毒属主要感染哺乳类动物。人与食叶猴类均是易感动物。

黄病毒科病毒是单股、正链的 RNA 病毒，其遗传物质是单股线性的 RNA。黄病毒具有共同的病毒结构（Lindenbach 等，2007）。病毒颗粒具有外套膜，直径为 40～60nm。黄病毒科包括 4 个属：黄病属毒（*Flavivirus*）、肝炎病毒属（*Hepacivirus*）、瘟病毒属（*Pestivirus*）以及持续性 G 病毒属（*Pegivirus*）（Chen 等，2017）。其中，最具代表性的是黄病毒属，包含登革热病毒、日本脑炎病毒（JEV）、蜱传脑炎病毒（TBEV）、西尼罗病毒（WNV）和黄热病病毒（YFV）等 70 多种病毒。

黄病毒为一种主要依靠蚊虫、蜱等超过 50 种节肢动物作为传播媒介的虫媒病毒。黄热病病毒主要在非洲和南美洲地区流行（Jentes 等，2011），在这些地区，黄热病病毒在灵长类动物种群和蚊子媒介之间传播（Barrett 和 Higgs，2007）。人的黄热病多为急性经过，症状包括发热、寒战、头痛和其他流感样症状（Monath，2001）。症状期之后是症状减轻的"缓解期"。大多数有症状的病人将在该阶段清除病毒并康复。部分受感染动物进入"中毒期"，其症状与出血热一致，并伴有黄疸，该症状是具有明确鉴别意义的临床特征。达到"中毒期"的动物多数死于黄热病，但也有动物完全康复。

黄病毒检测的"金标准"是对病毒进行分离培养，得到相应的毒株，但操作复杂，且对样本处理要求严格，灵敏度低，不适合大规模、快速检测（Shi，2002）。根据病猴的临床特征、生活史可做出初步诊断。实验室诊断是通过检测血清中的病毒特异性 IgM 和 IgG 抗体来完成。一些其他黄病毒（如西尼罗病毒或登革热病毒）也会发生血清学交叉反应，因此应通过更特异的检测以确认阳性结果。在疾病发生的早期（3～4d），经常可以通过病毒分离或逆转录聚合酶链式反应（如 RT - PCR）在血清中检测到黄热病病毒或黄热病病毒RNA。患病黑叶猴症状复发的阶段通常没有病毒血症，因此，病毒分离和 RT - PCR 阴性结果不能作为排除黄热病的依据。病理标本经免疫组织化学染色（IHC）可以检测到组织标本中的黄热病病毒抗原。

近年来，随着全球温度的持续上升和国际动物移动的增加，黄病毒的传播也在逐步增加。预防黄病毒流行主要是采取公共健康措施，以防止节肢动物与灵长类动物的接触。加强蚊媒监控的主要措施是消除蚊虫滋生地。目前为止，没有任何抗病毒疗法被批准用于治疗受感染的个体，也没有任何可以预防动物感染的抗病毒疗法。支持性护理是常态，并且在治疗黄病毒感染方面取得了一些成功，特别是黄热病和登革热。

（五）猴痘

猴痘（Monkeypox，MP）是由猴痘病毒（Monkeypox virus，MPV）引起的一种急性人兽共患传染病。早在 1958 年，人们就发现一种痘病毒在实验猴中可引致一种类似于人天花的疾病，这种病被称为猴痘，该病的病毒也因此而得名猴痘病毒。猴痘病毒主要分布在中非和西非的热带雨林地区。

猴痘病毒属于痘病毒科、正痘病毒属。痘病毒是所有动物病毒中结构最大且最复杂的病毒，种类较多，均是结构较为复杂的 DNA 病毒。猴痘病毒的形态与正痘病毒一致，外形为圆角砖形或卵圆形，大小为 200～300nm，外周是30nm 的外膜，环绕匀质的核心体。猴痘病毒的基因组是双链 DNA，长约 197kb。

猴痘病人、宿主动物、感染动物是本病的主要传染源。猴痘病毒主要的自然宿主是栖息于热带雨林的灵长类动物与松鼠，而感染的啮齿类动物或其他哺乳动物是猴痘病毒的贮存宿主。

本病主要通过动物传播，黑叶猴可以因为被感染动物的咬伤或者直接接触感染动物的血液、体液和皮疹而感染猴痘。猴痘病毒也可通过猴与猴间长期、面对面接触时的呼吸道飞沫传播。另外，猴痘还可以通过直接接触患病动物的体液、精液或者被污染的垫料而传播。

猴类感染猴痘，初期体温升高，7～14d 出现皮疹，皮疹多而分散，直径为 1～4mm，分布于口腔黏膜、躯干、臀部与四肢，通常最多出现于脚掌和手掌上。丘疹迅速变为水疱和脓疱，最后干涸结痂。取病变部位做组织学检查，可见上皮细胞变性，网状细胞增生和炎性细胞浸润，在感染细胞内可见大量的小型嗜酸性包涵体。猴类幼仔可能发生重度感染而死亡，死亡率为 3％～5％。

猴痘病毒由呼吸道黏膜或受损上皮组织侵入机体后，在淋巴细胞中繁殖并侵入血流引发暂时性病毒血症，也可在细胞内繁殖，再由细胞侵入血流而运行至全身皮肤引起病变。

近年来，猴痘病毒的诊断技术有了较大发展。从病毒分离和血清学方法，到酶联免疫吸附试验（ELISA）和聚合酶链式反应（PCR），逐渐向更敏感、特异、方便、快速的方向发展如实时荧光定量 PCR、基于特异性单克隆抗体的病毒免疫荧光法等。

本病为自限性疾病，目前尚无特效疗法。治疗方法主要为对症支持治疗，防止并发症，加强休息、补充水分和营养，加强护理，保持眼、鼻、口腔及皮肤清洁。可用抗生素防止继发性感染，大多数患病动物在 2～4 周后痊愈。

预防本病的主要措施是对患病动物进行严格的隔离：感染动物进行严格的隔离治疗；从国外输入的野生动物如灵长类动物和啮齿类动物应进行严格的检疫；动物园饲养的动物应进行全面的检疫，如发现患病动物应立即全部隔离。

人类接种天花疫苗可获得对猴痘的免疫力。据报道，天花疫苗能够让大约 85％的人对猴痘病毒产生免疫力。但由于野生动物猴痘病毒并没有相关的免疫评估，因此，对于非人灵长类动物并没有可靠的疫苗。一些新的亚单位疫苗和 mRNA 疫苗对猴痘病毒感染的预防作用的研究正在进行，并在人和实验动物上取得了一定的成效。

（六）猴疱疹病毒病

猴疱疹病毒病是猴类的一种常见传染病，感染率较高，临床上以高度致死性脑炎为主要特征。吕慧（1993）对 20 只金丝猴进行血清抗体检测发现，成体及亚成体金丝猴感染猴疱疹病毒的阳性率分别为 70％和 33.3％，说明金丝猴等食叶猴类也会普遍发生病毒感染。但是，到目前为止，未见有该病毒感染金丝猴导致死亡的报道。

猴疱疹病毒又称猴 B 病毒、疱疹 B 病毒，国际病毒分类委员会（ICTV）于 1999 年将其定义为猴疱疹病毒Ⅰ型，在分类学上属疱疹病毒科、α-疱疹病毒亚科、单纯疱疹病毒属。

猴疱疹病毒核酸是双股线状 DNA，病毒粒子呈球形，直径为 180～200nm，主要由髓芯、衣壳和囊膜组成。髓芯由 DNA 和蛋白质缠绕而成；衣壳为正二十面体结构，内含 162 个壳微粒，主要成分为多肽；囊膜由脂质和糖蛋白组成，在病毒粒子周围形成具有环状突起的吸附器，有助于侵入易感细胞。

在猴群中，猴疱疹病毒主要经交配、咬伤或抓伤、带毒唾液经损伤的皮肤或黏膜等途径直接传播，也可以通过污染物间接传播，但抗体阳性的雌猴不会垂直传播给其新生幼仔。猴类感染本病后通常不表现或很少表现临床症状，有时在舌背面和口腔黏膜与皮肤交界的口唇部及口腔内其他部位出现充满液体的小疱疹，这些疱疹最终破裂形成溃疡，表面覆盖着纤维素性坏死性痂皮，常在 7～14d 自愈，不留瘢痕，偶见严重程度不等的结膜炎，一般没有生殖道损伤的症状。但病毒可长期在病猴上呼吸道或泌尿生殖器官附近的神经节及组织器官内潜伏，经唾液、尿液、生殖器分泌物间歇性排毒，通常排毒时间为数小时，仅在初次感染、继发感染或正在患其他疾病的猴类中偶见持续排毒 4～6 周者。

猴疱疹病毒感染性样本的研究应在 P4 实验室进行，而检测可疑猴疱疹病毒样本应在 P3 或以上级别实验室进行。猴疱疹病毒的分离培养是感染的标准诊断方法。目前用于培养猴疱疹病毒的细胞系主要有 Vero 细胞、Hela 细胞及其他体外已建立的上皮细胞系。分子生物学的检测方法包括 PCR 方法和荧光定量 PCR 检测方法，血清学方法可选用 ELISA 方法等，需要注意的是，猴疱疹病毒可在感觉神经节中潜伏，潜伏期间不进行复制，所以取三叉神经和骶神经节样本进行检测的结果更可靠。但是这种检测对动物有损伤，所以只能多次取口腔、结膜、生殖道拭子或血液进行检测，尽量避免因猴疱疹病毒感染潜伏期造成的假阴性结果。

美国国家研究资源中心（NCRR）于 1988 年发起建立无疱疹病毒感染的无特定病原体猴种群的项目，到目前为止，已建成无疱疹病毒感染的猴群，但是食叶猴类属濒危野生动物，并非实验动物，净化这种病毒感染需要漫长的时间，而且猴疱疹病毒具有潜伏感染、间歇性重新激活的特点，使得准确检测出感染动物相当困难。此外，HSV 抗体不能中和猴疱疹病毒，目前也没有可靠的疫苗。虽然阿昔洛韦或更昔洛韦能有效对抗猴疱疹病毒，但是也不能完全消灭猴疱疹病毒，所以，对保育与管理人员而言，最重要的是预防，加强个人防护、规范、安全地进行操作，被咬伤或抓伤时，应立即处理伤口，及时检测，做必要的治疗。因为猴疱疹病毒可在人体潜伏感染，很可能出现假阴性的检测结果，所以要时刻关注自己的身体状况。

(七) 柯萨奇病毒感染

柯萨奇病毒与人类的多种疾病有关，尤其是人类病毒性心肌炎的主要病原。此外，大猩猩、比格犬等动物也可感染该类病毒导致死亡。2004年以来，长春某地的川金丝猴陆续发病死亡，其临床症状基本相似。川金丝猴出现呼吸促迫、咳嗽、食欲减少、不愿活动等临床症状，经抗生素治疗无效后死亡。贺文琦等（2008）对该死亡金丝猴进行了系统的病理学观察和实验室诊断，眼观最明显的病变为心脏的损伤，主要表现为心外膜有明显的出血点、出血斑和大量散在的白色坏死灶；病理组织学切片观察发现心肌纤维断裂、崩解，肌纤维间有大量的淋巴细胞浸润，呈现典型的病毒性心肌炎变化特征。最终根据临床经过、病理变化特征、病原分离鉴定及组织样本的免疫荧光染色等结果，确定该金丝猴死于B3型柯萨奇病毒感染。这也是国内外首次有金丝猴感染病毒并死亡的报道。

柯萨奇病毒属于小RNA病毒科、肠道病毒属。病毒颗粒为二十面体结构，直径仅为18～25nm，无包膜；核酸类型为正链单股RNA，分子质量为$2.0 \times 10^6 \sim 2.8 \times 10^6 u$，病毒由蛋白质和核酸两部分组成。柯萨奇病毒没有脂膜，所以对有机消毒剂、医用酒精、乙醚、氯仿等有较强的抵抗力。但干燥环境、紫外线以及医院的一些消毒剂可快速灭活柯萨奇病毒。

柯萨奇病毒的传播主要通过呼吸道和消化道。急性感染时，病毒在24h内即可出现在咽部和小肠内，并在局部黏膜或淋巴组织中繁殖，感染后48～72h机体出现病毒血症，病毒随血流进入全身各器官。病毒血症持续至头痛、恶心、呕吐、肌肉疼痛及皮疹等症状和体征出现后才消失（Dalldorf G等，1948）。

柯萨奇病毒的传播主要通过消化道的粪—口途径，也可通过打喷嚏或咳嗽以及污染的四肢、丰容物品、食物等传播，容易在群体中扩散。科萨奇病毒的流行广泛，一般夏秋季节发生较多，在亚热带和热带是该病毒感染的多发区，且全年均可能发病。

一般从感染柯萨奇病毒的动物的粪便、直肠拭子、咽拭子、肛拭子、血液和活检标本中能分离出病毒。病料接种在人羊膜、猴肾、人胚肾等细胞中，进行培养以观察细胞病变（CPE），也可用电镜直接检查标本中的病毒颗粒，但这只适用于病毒浓度高时。病毒核酸杂交及特异性DNA探针、反转录聚合酶链式反应等诊断方法可用于核酸检测。通过患病动物的血清可以检测柯萨奇病毒的特异性抗体IgM及IgG，一般采用中和试验、血凝抑制试验、补体结合试验以及酶联免疫吸附试验（ELISA）。由于目前对柯萨奇病毒没有很好的治疗方法，所以预防很重要。一些基因工程疫苗正在研制中，但鉴于类型较多且毒力及抗原性存在不同的变异，这给疫苗的研制带来一定困难。通过一些试验已经证明，中药如黄芪等对于治疗柯萨奇病毒感染有一定疗效，但还有待于进一步开发和研究。

（八）细小病毒病

细小病毒种类繁多、分布广泛。通常将细小病毒科（Parvoviridae）分为细小病毒亚科（Parvovirinae）和浓核病毒亚科（Densovirinae）。前者的宿主主要是脊椎动物，后者的宿主主要是节肢动物。细小病毒亚科又分为细小病毒属（*Parvomrus*）、红病毒属（*Erythrovirus*）和依赖病毒属（*Dependovirus*）。细小病毒属的近 20 种细小病毒能够感染多种动物，如犬科、猫科、鼬科、浣熊科、灵猫科、熊科等动物；红病毒属的细小病毒能够感染灵长类（包括人）。我国学者从黑叶猴中鉴定到一株新型细小病毒，这说明食叶猴类是细小病毒的易感宿主。

细小病毒的病毒粒子无囊膜，核衣壳为等轴对称的二十面体，电镜下呈圆形或六边形，直径为 18～26nm，核酸为单分子单股线状 DNA，约 5kb。多数病毒粒子中含有 3 种多肽：VP1、VP2、VP3。本属病毒的一个突出特点是对外界理化因素具有非常强的抵抗力，病毒对氯仿、乙醚以及热（56℃，30min）和酸（pH3.0，60min）均稳定。

细小病毒表面几乎都含有血凝素，在 4℃下可凝集恒河猴和猪红细胞，也凝集马、猫和人的 O 型红细胞，但不能凝集牛、绵羊、山羊、犬和兔等的红细胞。

细小病毒属的病毒致病性较强，可引起多种动物的传染病，通常动物因感染了粪便中的细小病毒而导致急性感染。该病毒也能跨物种传播，如猫细小病毒能感染猴类导致急性出血性肠炎，断奶不久的幼龄动物最易感，雌性动物如果在妊娠期感染，会造成死胎、流产和初生幼仔出现神经症状。患病动物临床表现精神沉郁，有时出现体温升高、脱水、呕吐、排出黏液状或带血的稀便。

细小病毒在自然环境中几周甚至几个月依然具有感染力。该病毒的传染性极高，一般以直接接触传染为主，也可经吸血类寄生虫传染。在疾病过程中动物发生病毒血症。在自然条件下，感染动物特别是发病动物的粪便、尿等排泄物以及鼻、眼、唾液等分泌物和呕吐物均大量排毒，污染周围环境。健康动物直接接触患病动物，或摄入被污染的日粮、饮水，或接触被污染的器具、垫草等均可感染。该病毒可通过直接接触或经消化道、呼吸道等多种途径传染，人、虱、苍蝇和蟑螂可成为病毒的机械携带者。

细小病毒病的检测包括电镜和免疫电镜观察、病毒分离鉴定、血凝（HA）与血凝抑制（HI）试验、免疫色谱法、酶联免疫吸附试验、PCR 检测技术、荧光抗体染色技术、核酸探针技术、基于单克隆抗体技术的免疫组织化学技术等。其中 PCR 检测技术和血凝（HA）与血凝抑制（HI）试验较常见，由于宠物用的免疫层析试剂条因背景或本底不同，可能出现假阳性或假阴性的结果，所以不宜用于检测野生动物的细小病毒。

控制细小病毒病的根本措施在于免疫预防。目前用于细小病毒免疫预防的疫苗大致可分为常规疫苗和新型疫苗两种。疫苗免疫失败时常发生，大多数情况下与母源抗体的干扰有关。但也不能排除有强毒株或新的抗原变异株出现，因为细小病毒的变异频率在 DNA 病毒中是十分高的。由于母源抗体的干扰等因素，免疫动物也未能得到完全保护，许多国家均有免疫群体暴发细小病毒病的报道。因此，寻求更安全有效的疫苗已迫在眉睫。国内外学者在该领域做了深入的研究，采用新技术研制的新型疫苗，包括基因工程亚单位疫苗、重组疫苗、核酸疫苗及纳米蛋白疫苗，均取得了很大进展。

（九）流感病毒病

流感病毒属于正黏病毒科（Orthomyxoviridae）、正黏病毒属，是一类有包膜的单股负链分节段 RNA 病毒。根据流感病毒核衣壳蛋白（nucleoprotein，NP）和基质蛋白（matrix protein，M）的不同分为 A 型、B 型和 C 型，国内又称甲型、乙型和丙型。根据 A 型流感病毒颗粒表面囊膜蛋白血凝素（hemagglutinin，HA）和神经氨酸酶（neuraminidase，NA）的类型又分为 18 个 HA 亚型和 11 个 NA 亚型。感染食叶猴类的流感病毒主要有 H5N1、H7N9 和 H3N2 等不同基因型的甲型流感病毒。

食叶猴类感染流感病毒，症状包括结膜炎、上呼吸道疾病及肺炎，甚至会出现器官衰竭。低致病性甲型流感病毒（H1N1）引起轻度呼吸道疾病（结膜炎、呼吸道炎症）。食叶猴类感染高致病性甲型流感病毒（H7N3）表现为结膜炎或者轻度流感病症，但印支银叶猴或川金丝猴感染高致病性流感病毒（H3N2）可能发生类似于人的急性呼吸窘迫综合征（ARDS）并导致死亡。甲型流感病毒天然地存在于野生动物中，并可能传播给家禽、家畜和圈养野生动物，多数野生动物，尤其是野生水禽是甲型流感病毒的主要宿主。野鸟、蝙蝠等野生动物所具备的迁徙特性使其在禽流感传播过程的作用不容忽视。野鸟向圈养动物传播病毒的过程中存在直接接触和间接接触两种方式。野生洄游水禽、鸻鹬和海鸥可能将携带的病毒直接传播给圈养的动物，此外，具有迁徙特性的野生物种可能在迁徙途中接触各种病原并成为病原的完美载体。

甲型流感诊断的一般程序是根据流行病学、临床症状和病理变化，进行初步诊断，然后通过在实验室进行病毒的分离与鉴定而确诊。禽流感的实验室诊断方法为：一是直接从待检样本如组织或拭子中检测甲型流感病毒基因；二是分离和鉴定甲型流感病毒，可以尝试将病毒样本（咽拭子、肛拭子）接种于鸡胚尿囊腔，观察是否产生病变，测定尿囊液对鸡红细胞的凝集力，即通过血凝素凝集试验来确定病毒的存在，也可取尿囊液进行流感病毒核酸检测。

食叶猴类动物发生甲型流感病毒感染，没有很好的治疗药物，也没有可靠的疫苗可供接种，奥司他韦和金刚烷胺可能有一定的疗效，但副作用较多。加强野生动物疫源疫病监测是防控流感病毒感染的主要措施，应根据甲型流感病毒感染的高发期，选择在气温较低的季节以及动物疑似发生流感病毒感染时进行检测与监测。同时，食叶猴类动物展区应远离候鸟等迁飞动物经过的路线，防止野鸟或蝙蝠携带病原并传播给食叶猴类动物；食叶猴类动物迁出或进入动物展区时应加强病毒检测，排除携带者，防止动物群体内产生交叉感染。此外，应加强饲养管理，为食叶猴类提供合适的社群，保障其动物福利，这些措施对于本病的防控也是很重要的。

（十）轮状病毒感染

轮状病毒是呼肠孤病毒科、轮状病毒属的成员，可以引起多种幼龄动物和人的非细菌性腹泻。本病流行范围广，特别对幼龄动物危害大。

患病动物和隐性感染的带毒动物是本病的主要传染源。健康动物主要通过接触传染源而感染。轮状病毒可感染处于不同生长发育期的野生动物，因个体和环境因素，感染动物的症状多种多样，通常潜伏期为 $18\sim96h$，随后出现食欲减退，精神沉郁，粪便呈黄色或白色并伴有恶臭，有的粪便呈水状。有些动物可能出现排便失禁，伴随脱水、腹胀或体温降低。

轮状病毒感染在黑叶猴上报道的主要临床表现为腹泻，同时在其他灵长类动物上有呕吐、厌食等症状，严重时可引起死亡。贵州某动物园曾有 3 只黑叶猴死于轮状病毒感染，发病率 33.33%。食叶猴类感染轮状病毒的发病率高且死亡率高，剖检变化见胃壁变薄，黏膜脱落，肠壁变薄，结肠内有少量胆汁样颜色的黏液等。

临床出现以腹泻为主的症状，且初步怀疑为轮状病毒感染时，可采集患病动物的粪便、呕吐物或血液直接进行检测。实验室一般采用血凝试验、聚丙烯酰胺凝胶电泳法、电镜检查、核酸检测、酶联免疫吸附试验、胶体金检测等方法。目前，常用的快速检测方法为胶体金检测技术和基因检测技术（RT－PCR 及测序）。临床上，轮状病毒常与大肠埃希菌等细菌混合感染，因此，对粪便中的致病菌应进行分离培养和药敏试验。

目前尚无特效药物可用于治疗轮状病毒感染，动物发病时主要采取对症治疗，防止其发生脱水、酸中毒以及交叉感染和继发感染。

附　　录

附录1　初生黑叶猴幼仔的全人工育幼方案
（北京动物园）

张轶卓　刘志刚　白素琴

摘要： 1997年7月28日北京动物园的1只出生30h未进食母乳，又被雌猴遗弃的黑叶猴幼仔，经全人工哺育，在国内首次达到成活（6月龄）。本文主要介绍全人工哺育黑叶猴幼仔的小气候环境，人工乳配方，哺喂、管理方法，幼仔生长发育过程，并对全人工哺育黑叶猴初生幼仔的问题进行分析讨论。

关键词： 黑叶猴；初生幼仔；全人工哺育；人工乳

黑叶猴（*Trachypithecus francoisi*）为中国一级保护动物，被列入《濒危野生动植物种国际贸易公约》附录Ⅱ中。主要分布于中国广西、贵州的部分地区，国外见于越南、老挝等地。野生的黑叶猴群居、树栖。通过观察在人工饲养条件下的黑叶猴繁殖行为发现，其分娩后未见弃仔不乳行为，幼仔均由母猴哺育成活。

1　研究对象和方法

1.1　研究对象

　　研究对象系北京动物园1997年7月27日出生的黑叶猴幼仔。其母呼名92-8（1991年1月出生于南宁动物园，1992年6月6日引入北京动物园），其父呼名93-1（1990年1月出生于太原动物园，1993年10月23日引入北京动物园）。该幼仔于7月27日上午9：00出生后，经饲养人员30h的观察，未见进食初乳，7月28日下午2：50从92-8身上掉下，将其取出后进行人工哺育。

取出时该幼仔周身无力，叫声微弱，左眼斜上方有一 3cm 长的明显擦伤，面部大面积呈黑紫色，体重 350g。

1.2　研究方法

1.2.1　人工气候小环境

北京动物园建有专门的育幼室，用以哺育被雌性动物遗弃的各类幼仔。饲养人员将该幼仔迅速放入育幼室的人用早产儿培育箱中，通过控制育幼箱的温湿度，营造一个人工小气候环境。在其 56 日龄时，移至木质育幼箱中。3 月龄时，让该幼仔白天外放活动，夜间仍返回箱内。育幼箱的温度保持在 25～28℃，湿度在 60%～70% 范围内（表 1）。

表 1　人工小气候环境变化

时间（d）	箱内温度（℃）	箱内湿度（%）	环境温度（℃）	环境湿度（%）
1～30	29～30	65～70	26～28	60
31～55	26～28	60～65	25～27	60
55～90	25～27	60	25～27	60
90～289	22～25	50～60	22～25	50

1.2.2　人工乳与辅食的配方

哺喂黑叶猴幼仔时，经过多次比较、筛选，饲养人员采用了市场销售的商品，品牌为荷兰菲仕阑乳品厂监督指导、澳大利亚生产的即溶"子母牌"奶粉（DUTCH LADY）（表 2），其营养成分中碳水化合物占 37%，脂肪占 28%，蛋白质占 26%。初始（幼仔 1～3 日龄）时按 1：7.5（奶粉与水的比例）哺喂，幼仔 4 日龄后均按 1：7（奶粉与水的比例）哺喂。从幼仔 30 日龄起开始添加辅食，90 日龄时补充添加剂。

表 2　"子母牌"奶粉主要营养成分（每 100g 含量）

名称	含量	名称	含量
蛋白质	26g	卵磷脂	0.2g
脂肪	28g	维生素 A	2 500IU
碳水化合物	37g	维生素 B_3	1 050IU
钙质	940mg	维生素 B_1	170μg
碘质	25μg	维生素 B_2	1 050μg
生物素	25μg	维生素 B_{12}	2.4μg
铁质	0.2mg		

1.2.3 哺喂、管理方法

与其他动物幼仔的全人工哺育方法相似，1～7日龄也是黑叶猴幼仔的关键时期。此阶段最易发生消化、呼吸道感染，是幼仔的死亡率高峰期。因此，除了营造适宜的人工小气候环境外，严格的消毒程序、合理的饲喂方法也是必需的。饲养人员选用婴儿奶具，1～75日龄每天哺喂8次（每3h哺喂1次），76～89日龄每天哺喂6次，90～120日龄每天哺喂5次，121～177日龄每天哺喂4次，178日龄后每天哺喂3次。每次哺喂量则根据其消化状况逐渐递增，从5～6mL最后增加至70mL（表3）。每次哺喂前后，应仔细清洗、消毒哺喂用具；配制人工乳（含辅食）时，也应在保障人工乳营养成分的前提下，认真消毒。哺喂的人工乳温度应接近人的体温，并掌握幼仔的吮吸规律，防止其误吸。

表3 不同日龄人工乳哺喂量

日龄	配比（奶粉：水）	日哺喂数（次）	单次哺喂量（mL）	日哺喂量（mL）	备注
1	1：7.5	8	5～6	41	
2	1：7.5	8	5～7	48.5	
3	1：7.5	8	8～9	65.5	
4	1：7	8	8～9	66	
5	1：7	8	9	72	
6	1：7	8	9～12	84	
7	1：7	8	9～12	93	
15	1：7	8	12	96	
30	1：7	8	15	120	每天加33～34g鸡蛋
60	1：7	8	21	168	每天加44～45g鸡蛋
76	1：7	6	30	180	同上
90	1：7	5	45	225	自90日龄起每天加66～67g鸡蛋。每月给予1周钙片，每天3片；1周浓缩鱼肝油，每天1滴；1周小施尔康，每天1片
120	1：7	5	55	275	
150	1：7	4	60	240	
177	1：7	4	65	260	
210	1：7	3	70	210	
240	1：7	3	60	180	
289	1：7	3	40	120	

注：从幼仔30日龄起，除哺喂用奶粉配制的人工乳外，开始添加鸡蛋；90日龄起添加水果、蔬菜、饼干等。

1.2.4　幼仔的营养供给

北京动物园具有数十年人工哺育幼兽的丰富经验，近年来人工育幼的技术含量更有所提高。该动物园在全人工哺育初生黑叶猴幼仔的过程中，尤其注意日常观察、计算幼仔营养物质摄入的变化（表4）。在幼仔30日龄后添加辅食时，开始将少量鸡蛋、水果、蔬菜糜、米汤加入人工乳中，递次增量到90日龄时幼仔自己进食水果、蔬菜、饼干、窝头等固体食物。幼仔哺乳量高峰期为106～120日龄，其后逐渐转入以固体食物为主，并逐渐减少日哺乳量，通过模拟自然哺喂，向断奶过渡。该幼仔3月龄后，每隔3～5d洗一次温水澡；每天抱幼仔到户外，进行20～40min日光浴。

表4　不同日龄黑叶猴幼仔的体重、每100g体重哺乳量、每100g体重干物质摄入量

日龄	体重（g）	日哺乳数（次）	每100g体重哺乳量（g/d）	每100g体重干物质摄入量（g/d）
1～3	350	8	14.76	1.74
15	390	8	24.62	3.08
30	430	8	27.91	3.49
60	520	8	32.31	4.04
90	580	5	38.79	4.85
120	710	5	38.73	4.84
150	850	4	28.24	3.53
180	995	3	21.11	2.64

注：在添加辅食后，将生鸡蛋加入奶中并拌匀加热；计算时其他辅食未列入。

2　结果

2.1　幼仔体重变化（图1）

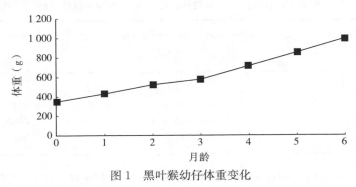

图1　黑叶猴幼仔体重变化

2.2 幼仔被毛变化

幼仔出生时全身被毛为橙黄色，3月龄时逐步变为黑色，从背部至头尾逐渐改变。5月龄时颊毛变为白色，整体被毛颜色与成体大致相似，仅尾根部存留少许毛未变黑。6月龄时幼仔全身被毛颜色已与成体一致。

2.3 幼仔行为表现（表5）

该黑叶猴幼仔至6月龄时体重已达995g，生长发育的各项指标均正常，已达到北京动物园的验收（成活）标准。

表5 幼仔行为表现

日龄	主要行为表现
3	首次排出黄褐色膏状奶便，极短距离爬行，后肢无力
8	首次大声鸣叫、求食；头部能够灵活转动
30	运动能力明显增强，可一次爬行35cm
33	幼仔上下正中门齿萌出
55	爬行活动频繁
77	首次见到幼仔进食水果（香蕉）
90	幼仔被毛开始变化，能攀缘、跳下，活动时间延长
165	攀爬、跳跃灵活
230	水平跳跃距离达1.5～2m，垂直跳跃距离达1.2～1.5m；毛色与成体相同

3 讨论

（1）比较北京动物园与广西梧州市黑叶猴繁殖基地的黑叶猴幼仔全人工哺育成果，结果如表6所示。

表6 不同饲养机构的黑叶猴幼仔全人工哺育成果比较

项目	广西梧州市黑叶猴繁殖基地的黑叶猴幼仔	北京动物园的黑叶猴幼仔
初生体重	498g	350g
10月龄体重	1 725g	1 540g（289日龄）
月平均增重	122.7g	119g
相对增重率	246.39%	340%

因此，北京动物园首例初生黑叶猴幼仔的全人工哺育是成功的。

（2）社群类型的灵长类动物幼仔在人工哺育过程中，常需要同种（或相适应的异种）活体伴侣或玩具（称为"假姆"）。它们常常相互依偎、搂抱，甚至形影不离，这对于保持幼仔的正常心理状态和行为是颇有益的。

（3）在整个全人工哺育期间，全部饲养人员均能够做到细心、认真、耐心，因此幼仔极少发病，仅在55～62日龄时出现粪便偏软现象，经及时投喂氟哌酸、乳酸菌素片后，很快恢复正常。

（4）在人工哺育过程中，当需要改变环境时，应注意让幼仔逐渐过渡。否则，突然的环境变化会引起幼仔的应激反应，导致其拒绝进食。幼仔55日龄时，在将其从育幼箱移至木质笼箱的过程中，幼仔曾大声鸣叫持续7～8h，拒绝进食，直至次日才平静下来，这也是造成其粪便变软的原因，须引起注意。

附录2 黑叶猴幼仔人工育幼方案

（贵州森林野生动物园）

1 幼仔人工育幼的条件

（1）幼仔出生后 5h 内未吃到初乳，抓握能力较弱。

（2）雌猴在幼仔出生后 4h 无护理哺乳行为，幼仔活力较差（叫声较小或消失）。

（3）幼仔出生后 1 周内，观察发现幼仔吃奶时间较短，并出现经常性鸣叫，同时雌猴乳房并没有出现肿胀、泌乳不足。

（4）同群雌猴在亲猴分娩后抢夺幼仔，造成幼仔无法正常哺乳，或在抢夺过程中出现幼仔受伤的情况。

（5）雌猴在分娩后出现食欲下降或废绝，精神沉郁或患病，无法正常哺育幼仔。

2 幼仔人工哺育前的准备工作

（1）将保温设备的温度升至 35℃、湿度调至 45%，且设备运行 3h 的数据稳定。

（2）准备碘伏、糖盐水、可吸收灭菌缝合线、棉签、体温计。

（3）准备奶瓶（小型宠物用）、奶嘴、温度计（测奶温）、电子秤（烘焙用，称重标准 500g）、耐热量杯（20mL、30mL、50mL）、小型电子秤（10～100g 称重范围）、清洗消毒柜、环境温度计、紫外线消毒灯（可以设定消毒时间）。

（4）准备人工育幼室备用电源，保证在停电情况下可以满足恒温箱 3h 的正常运行。

（5）准备一次性尿片，根据恒温箱内的面积购买。准备灯芯绒小毛毯（50cm×30cm）6 块。

（6）保暖毛毯在使用前用消毒药物浸泡和紫外线消毒。

3 幼仔人工取出的操作

（1）如雌猴丢弃幼仔则需要先将雌猴隔离后，再进入内舍将幼仔取出。

（2）如雌猴和幼仔无法分开则需要进行人为保定，取出幼仔。具体方法一种是使用网兜将雌猴保定后，人工分开幼仔；另一种是将雌猴镇静后再取出幼仔。镇静剂使用舒泰 50，剂量为 2mg/kg（体重），肌内注射。注射镇静剂 15min 后，当雌猴出现嗜睡、行动缓慢、对外界刺激反应迟钝时，则使用网兜将其保定。

（3）幼仔取出后，首先需要检查脐带愈合情况（出生 3d 内的幼仔），使用毛毯包裹幼仔后将其送入育幼室。测量幼仔体温（肛温），听诊其呼吸音、心率有无异常。初生幼仔的脐带使用碘伏擦拭消毒，每天 2 次。

4　幼仔体温监测

每天 8：00、13：00、20：00 分别进行体温测量并记录。

5　人工哺乳

当幼仔取出后，需要通过 37℃恒温水浴恢复体温，时间不超过 15min。水浴完成后进行体温、心率、初生重的测量与记录。

对幼仔的脐带进行消毒结扎后，需将幼仔用柔软的纱布毛巾包裹后放入提前预热的育婴箱内（温度为 32～35℃，湿度为 45％～65％）。此时幼仔应处于安静的睡眠状态，一般持续 2～4h，最长 8h。此时不需要提供幼仔任何奶和水。

待幼仔体温恢复并开始在育婴箱内有轻微蠕动行为时，即可将其取出并测量体温、心率。初生幼仔心率一般在 142～168 次/min（海拔 1 318m），体温在 37.0～37.6℃。体温和心率到达标准状态时，以不超过 5mL 的水或电解质溶液进行饲喂，刺激幼仔的肠胃蠕动，观察其吮吸奶瓶的能力及饮水量，以作为后续单次喂奶的标准量。

2h 内密切观察幼仔的活动量，如果出现寻奶行为，则可开始喂奶，初始喂奶量为 3～5mL（存在个体差异）。首次喂奶的 2h 内需进行观察：幼仔是否排出胎便，是否有寻奶行为，是否安静睡眠。若未排出胎便，且出现寻奶行为，则可在 2h 左右再次喂奶，同时可加奶 1mL 左右，如此往复，喂奶量最多不宜超过 7mL。取出幼仔的 24h 内需要密切关注其情况，如排便次数、粪便形状、排便量和吃奶速度。注意：喂奶时不可人工灌奶或以其他方式加快幼仔吃奶。因个体差异问题，新生幼仔吃奶 5mL 的时长为 15～35min。若天气较冷，则应将奶液分次加热后投喂，不可以冷奶投喂。同时切忌幼仔呛奶。

每只幼仔的吃奶量不同，需要根据其临床表现给予奶量。如幼仔排便量减少或者吃奶后不睡觉并反复寻奶，则可以1mL为单位逐步增加喂奶量，切忌不要突然增加奶量超过3mL。建议的喂奶方式：每2～3d增加1～3mL，白天每2h喂一次奶，20：00以后则每4h喂一次奶。若幼仔偶然出现吃奶不多但无其他异常时，可酌情控食一顿，无须强制喂足奶量。

不同幼仔的初始喂奶量不同，需要饲养人员密切观察，通过幼仔的寻奶欲望、排便次数、粪便的大小和形状、能否持续1～2h安静睡眠，来判断幼仔是否需要增加奶量，同时体重的监测也是确定幼仔喂奶量的主要依据之一。黑叶猴本身属小体重动物，除排胎便外，日增重为3～5g或月增量为90～110g均属正常，且体重增加速度会随着辅食的加入而加快。

幼仔在90～100日龄时，应开始逐渐添加辅食。此时幼仔应出现乳牙萌出，同时吃奶量下降，或者抗拒吃奶。若给予幼仔苹果泥、橙汁等时，其会出现强烈的采食欲望，即可开始食物过渡。

饲喂幼仔的奶粉建议选择羊奶粉，产地不限，以1段为主。以多美滋1段羊奶粉为例，浓度为每0.3g奶粉配1mL水。同时建议准备奶粉伴侣，以预防幼仔存在乳糖不耐受。哺育过程中，奶液浓度不变，根据体重增长和进食情况，酌情增加单次喂奶量。喂奶次数在白天为每2h一次，20：00以后为每4h一次，并根据幼仔的进食情况，酌情增减。

不同黑叶猴幼仔的吃奶量随日龄变化曲线见图1，体重变化曲线见图2。

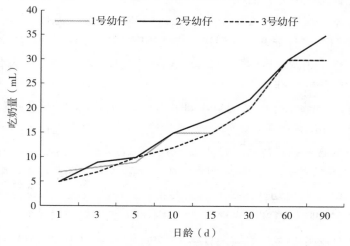

图1　不同黑叶猴幼仔的吃奶量随日龄变化曲线

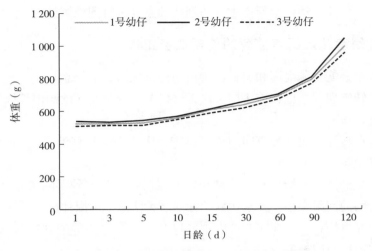

图 2　不同黑叶猴幼仔的体重随日龄变化曲线

6　幼仔饲料过渡期的饲养管理

6.1　断奶过渡期（一般在 6～8 月龄时）的饲养管理

幼仔断奶过渡期所选择的食物有以下几种：树叶（小叶女贞、槐树叶、桑叶、榆树叶、大叶女贞）、水果（苹果、芭蕉、香蕉、木瓜）、蔬菜（芹菜、上海青、熟南瓜、熟马铃薯、熟胡萝卜）。

6.2　投喂方法

树叶选用较嫩的枝叶，在每天 11：00、16：00 将树叶悬挂于幼仔饲养笼中，供其自由采食。

水果切成丝状、香蕉切成片状供幼仔自由采食，但水果应在 2h 后从饲养笼中取出。

块茎类蔬菜经蒸熟后制作成"泥状"，供幼仔采食，同样在 2h 后取出。

6.3　饲料过渡

3 周后根据幼仔的采食喜好，逐渐增加 6.1 所述食物在日常饲料中的比例。逐渐调整为每天投喂 3 次青绿饲料，分别在 9：00、14：00、17：00。同时晚上 20：00、凌晨 4：00 各补充一次人工乳，如出现拒乳行为并持续 3d 即可完全离乳。

6.4　粪便检测

食物过渡期每月进行 2 次粪便寄生虫检测，主要检测组织滴虫和球虫，同时检测这一时期内幼仔粪便中主要的细菌种类并进行图像统计。

7 由育幼室转入饲养笼舍的前期准备工作

（1）检查笼舍隔离网和栅栏，避免幼仔出现卡、塞等意外。

（2）转笼期间，应提前 1 周关注天气情况，避免在连续阴雨等极端天气期间进行此操作。

（3）在转笼后应增加夜间的值班巡查，主要观察幼仔的粪便和精神状态，同时做好记录。

（4）合群操作：幼仔 6 月龄时开始隔笼饲养（与原种群隔离），但要严格控制隔离网的网眼大小，要求达到幼仔四肢无法穿过网眼让成年猴接触到。有条件的饲养机构，可以在隔壁群中饲养以和幼仔同等年龄的动物为主的群体，方便日后形成新的种群。

8 疾病防治

8.1 呼吸道感染

（1）轻症肺炎 幼仔发生呼吸道感染的临床表现为食欲下降、在人工哺乳时出现呛奶、听诊肺呼吸音有啰音、触诊喉头有咳嗽反射、肛温达 39℃、轻度腹泻。血液检查可见白细胞数增加到 17 000 个/mL 或下降到 3 000 个/mL以下，C 反应蛋白检测呈阳性表示重度感染。

治疗：对于轻症（有食欲、精神尚可）病例，急性期肌内注射抗生素，可选用哌拉西林、氨苄西林、阿米卡星注射液、头孢唑林钠，每 8h 一次，同时可以配合使用中成药如炎琥宁、清开灵注射液、双黄连注射液。药物临床使用按照 5d 一个疗程，当幼仔临床症状消失、听诊呼吸音恢复正常，且体温恢复至 37.2～37.5℃（此数据为贵州森林野生动物园实测数据）时，判定为康复。

（2）重症肺炎 临床表现为高热；精神沉郁，无食欲，呼吸频率较快；可视黏膜颜色发绀；四肢皮温湿冷，体温降低；听诊呼吸音为啰音、喘鸣音或水泡音；3 月龄内心率每分钟达 200 次，6 月龄及以上时心率超过每分钟 130 次甚至更高；病情严重时出现嗜睡昏迷症状；X 线拍摄显示肺部有"毛玻璃样"病灶。

治疗：因患病动物年龄较小，体况较差，因此使用静脉滴注药物进行治疗。使用的静脉滴注液体为儿科用复方电解质溶液，同时使用输液泵进行操作（每小时 20mL 液体的静脉滴注速度）。

处方：①静脉滴注用水溶性维生素。同时应用三磷酸腺苷二钠注射液、肌苷注射液、辅酶 A。②轻症治疗使用抗生素。③使用炎琥宁。

8.2　腹泻

（1）消化不良性腹泻　幼仔在哺乳后 3h 出现腹泻，粪便中夹杂未消化的乳制品，粪便呈黄色糊状。

（2）细菌性腹泻　幼仔出现呕吐、排水样灰色稀便且粪便有特殊的腥臭，并有里急后重的表现。

（3）腹泻导致的脱水　触诊幼仔腹部、胸部皮肤，将皮肤捏起后松手，皮肤回弹慢。病猴眼窝凹陷，血液检测红细胞数超过 6.0×10^{12} 个/L，生化检查二氧化碳结合率低。

（4）治疗　治疗原则为调节电解质平衡、改善代谢性酸中毒、抗菌。选择四肢静脉进行液体滴注。对于重症脱水病例，需要使用输液泵维持输液。

附录 3　黑叶猴丰容项目库

类别	项目内容	备注
食物丰容	食物分散投喂	各种果蔬、坚果，应避免单只个体采食过多，可结合定位训练
	树叶悬挂	将树叶悬挂在高处
	树叶分散悬挂	将树叶分散在不同的高度、不同的位置
	PVC 管取食器	
	透明亚克力取食器	
	落叶藏食	
	草丛藏食	
	塑料瓶取食	
	竹筒取食器	
	竹编取食器	
	篮筐取食器	
	铁笼取食器	
	饮水桶取食器	
	消防水带取食器	
	球形取食器	
	吊桶取食器	
	笼顶抛食	
	食物不做预处理	如香蕉、芭蕉等不去皮，树叶整枝投喂
	树枝串食物悬挂	
	轮胎藏食	
	粽叶藏食	
设施丰容	枯木	
	树枝	
	绿植	
	藤条	
	绳索	
	绳梯	

类别	项目内容	备注
设施丰容	吊床	
	假山	
	爬架	
	不同高度的木桩、水泥桩	
	不同高度的平台	
	栖架	
	木箱	
	吊环	
	轮胎	
	喷雾	
感知丰容	毛绒玩具	主要用于人工哺育幼仔
	麻袋	
	树枝	非日常食用的安全树种
	碰撞物体发出声响	钢板、铁板等硬质材料，雄猴踢踹以宣示主权
	吊球	
	背景彩绘	
	调换笼舍	与不同类动物或同类动物互换
认知丰容	行为训练	
	益智取食器	
社群丰容	群居	
	不同类叶猴混养	无法提供同类个体时，避免杂交
	与保育员互动	
	调换笼舍	与同类动物互换
	引入（合群）	引入新个体或到新群体中

附录 4 行为训练计划表

展馆：猴馆　　　　　物种：黑叶猴　　　　　文件编号：

动物名称：大杭		风险级别：	行为：定位	□新训 □重训
训练员：		开始日期： 达标日期：		
批准：	班组长签名： 日期：		行为训练主管签名： 日期：	

最后完成动作的描述（目标行为需要有量化方式）：

　　训练员发出口令"左""右"，黑叶猴能在目标棒的指引下，双手握好目标棒（网），状态平静并保持 5s，按下响片，给予食物强化。

验收：	班组长签名： 日期：		行为训练主管签名： 日期：	

训练步骤构思：

　　1. 目标棒主动触碰左手：目标棒先脱敏，发出口令"左"，用目标棒触碰黑叶猴左手，此时训练员按下响片给予黑叶猴食物强化。要求黑叶猴不害怕、不回避，此步骤不少于 15 个训练时段，直至该行为能在 3 个训练时段内稳定保持。

　　2. 左手主动触碰：黑叶猴左手能主动触碰目标棒，强化黑叶猴以训练员期望的方式触碰目标棒，此时训练员按下响片给予黑叶猴食物强化。此步骤不少于 10 个训练时段，直至该行为能在 3 个训练时段内稳定保持。

　　3. 跟随目标棒移动：黑叶猴能跟随目标棒移动，在指定位置发出口令"左"时，黑叶猴能触碰目标棒并用手握好。此步骤不少于 3 个训练时段。

　　4. 延时训练：逐渐延长黑叶猴触碰目标棒停留的时间，训练员分别于 2s、3s、4s、5s 时按下响片，并给予黑叶猴食物强化。此步骤不少于 20 个连续的训练时段。

　　5. 右手定位：起初可引入第二个目标棒，步骤同上。

　　6. 训练员以手代替目标棒：使用两个目标棒操作不便，训练员可以用手慢慢代替目标棒，直至能用手代替目标棒对黑叶猴进行定位。以此步骤不少于 5 个训练时段，直至该行为能在 3 个训练时段内稳定保持。

展馆：猴馆　　　　物种：黑叶猴　　　　文件编号：

动物名称：大杭		风险级别：	行为：串笼	□新训 □重训
训练员：		开始日期： 达标日期：		
批准：	班组长签名： 日期：		行为训练主管签名： 日期：	

最后完成动作的描述（目标行为需要有量化方式）：
　　训练员发出口令"进"，黑叶猴能安心进入训练笼，关上拉门后黑叶猴保持平静，且没有后退或拉住拉门，训练员按下响片，给予黑叶猴食物强化。

验收：	班组长签名： 日期：	行为训练主管签名： 日期：

训练步骤构思：
　　1. 训练笼脱敏：黑叶猴能在目标棒的指引下进出训练笼，进入训练笼时保持平静，不急躁。此步骤不少于 5 个训练时段。
　　2. 进、出训练笼：发出口令"进"，黑叶猴能进入训练笼并在指定位置坐下，此时训练员按下响片给予黑叶猴食物强化。发出口令"出"，黑叶猴能快速出训练笼并到指定位置，此时训练员按下响片给予黑叶猴食物强化。此步骤不少于 5 个训练时段。
　　3. 训练员手碰拉门：强化训练员用手触碰拉门并发出声音时，黑叶猴能在训练笼内保持安静的行为。
　　4. 关拉门：逐渐增加拉门的关合度，分别关上拉门的 1/5、2/5、3/5、4/5 或全部关上，黑叶猴能保持平静，且没有后退或拉住拉门，并在指定位置坐好，此时训练员按下响片，给予黑叶猴食物强化。此步骤不少于 10 个连续的训练时段。

展馆：猴馆　　　　　　物种：黑叶猴　　　　　文件编号：

动物名称：大杭		风险级别：	行为：肌内注射	□新训
				□重训
训练员：		开始日期：		
		达标日期：		
批准：	班组长签名：		行为训练主管签名：	
	日期：		日期：	

最后完成动作的描述（目标行为需要有量化方式）：

　　训练员发出口令"碰"，黑叶猴能主动将其臀部靠近网，并能平静地接受针刺，无手抓现象，不发出异常声音，此时训练员按下响片，给予黑叶猴食物强化。

| 验收： | 班组长签名： | | 行为训练主管签名： | |
| | 日期： | | 日期： | |

训练步骤构思：

　　1. 训练员用目标棒主动触碰臀部：发出口令"碰"，训练员用目标棒主动触碰黑叶猴臀部，黑叶猴不躲避、抓咬目标棒，或发出异常声音，此时训练员按下响片，给予黑叶猴食物强化。此步骤不少于 10 个训练时段，直至能进入下个阶段。

　　2. 臀部主动靠近目标棒：发出口令"碰"，黑叶猴能主动将臀部靠近目标棒。训练直至该行为能在 5 个训练时段内稳定保持。

　　3. 注射器针帽触碰臀部：发出口令"碰"，训练员用注射器针帽触碰黑叶猴臀部，此时训练员按下响片，给予黑叶猴食物强化。此步骤不少于 10 个训练时段，要求黑叶猴不躲避、抓咬注射器针帽，或不发出异常声音。

　　4. 钝针触碰臀部：发出口令"碰"，训练员用钝针触碰黑叶猴臀部并逐渐加大力度，同时按下响片并给予黑叶猴食物强化。此步骤不少于 30 个训练时段，要求黑叶猴不躲避、抓咬钝针，或不发出异常声音。

　　5. 尖针触碰、刺入臀部：发出口令"碰"，训练员用尖针触碰或刺入黑叶猴臀部，此时训练员按下响片，给予黑叶猴食物强化。此步骤不少于 50 个训练时段，要求黑叶猴不躲避、抓咬尖针，或不发出异常声音。

展馆：猴馆　　　　　　物种：黑叶猴　　　　　文件编号：

动物名称：大杭		风险级别：	行为：手臂采血	□新训 □重训
训练员：		开始日期： 达标日期：		
批准：	班组长签名： 日期：		行为训练主管签名： 日期：	

最后完成动作的描述（目标行为需要有量化方式）：

　　训练员发出口令，黑叶猴进入训练笼，再发出口令"手"，黑叶猴将手伸入采血架并握好，头皮针刺入血管时黑叶猴手不回缩，且不发出异常声音，能顺利完成采血，在采血过程中进行食物强化。

验收：	班组长签名： 日期：	行为训练主管签名： 日期：

训练步骤构思：

　　1. 手握：发出口令"手"，黑叶猴手心向上握住采血架，此时训练员按下响片，给予黑叶猴食物强化。此步骤不少于 20 个训练时段，要求黑叶猴不自行手握采血架，一定要等待口令的发出，且过程中保持平静，无烦躁情绪。

　　2. 头皮针触碰皮肤：黑叶猴手握采血架时，先用头皮针脱敏（此步骤不少于 5 个训练时段），即训练员用头皮针触碰黑叶猴皮肤，黑叶猴能感知，然后慢慢增加头皮针接触皮肤的力度，延长头皮针接触皮肤的时间，直至最少能停留 10s，此时训练员按下响片，给予黑叶猴食物强化。此步骤不少于 40 个训练时段，要求黑叶猴保持手握状态，手不缩回，不发出异常声音。

　　3. 针刺肌肉：训练员将针刺入黑叶猴肌肉，慢慢延长针在肌肉中停留的时间，且至少能停留 5s。此步骤不少于 40 个训练时段，要求黑叶猴在被针刺时不缩手或发出异常声音，且平静、不烦躁。

　　4. 触碰手臂血管处：黑叶猴手握采血架时，训练员用针轻轻接触黑叶猴血管处皮肤，黑叶猴能感知，然后慢慢增加针接触皮肤时的力度与时间。此步骤不少于 40 个训练时段，要求黑叶猴保持手握状态，手无缩回迹象，且至少能停留 5s。

　　5. 针刺手臂血管：训练员用针刺入黑叶猴血管，并顺利完成采血，采血过程中给予黑叶猴食物强化。此步骤不少于 50 个训练时段，要求黑叶猴被针刺时不缩手或发出异常声音，且处于平静状态。

展馆：猴馆　　　　物种：黑叶猴　　　　文件编号：

动物名称：老三		风险级别：	行为：尾部采血	☐新训 ☐重训
训练员：		开始日期： 达标日期：		
批准：	班组长签名： 日期：		行为训练主管签名： 日期：	

最后完成动作的描述（目标行为需要有量化方式）：

　　训练员发出口令，黑叶猴在训练架上坐好，然后再发出口令"尾巴"，黑叶猴将尾巴靠近采血口，训练员将黑叶猴的尾巴勾出采血口并握好。训练员将头皮针刺入血管时，黑叶猴尾巴不回缩、不发出异常声音，能顺利完成采血。在采血过程中对黑叶猴进行食物强化。

验收：	班组长签名： 日期：		行为训练主管签名： 日期：	

训练步骤构思：

　　1. 手握尾巴：在训练员发出口令"尾巴"后，黑叶猴能把尾巴靠近采血口，训练员把黑叶猴的尾巴勾出采血口并握住，此时训练员按下响片，给予黑叶猴食物强化。此步骤不少于 20 个训练时段，要求在训练员口令发出后，黑叶猴保持平静，无烦躁情绪。

　　2. 头皮针触碰皮肤：先进行头皮针脱敏（此步骤不少于 5 个训练时段），即训练员用头皮针触碰黑叶猴皮肤，黑叶猴能感知，然后慢慢增加头皮针接触皮肤的力度，延长针接触皮肤的时间，直至最少能停留 10s，此时训练员按下响片，给予黑叶猴食物强化。此步骤不少于 40 个训练时段。要求黑叶猴保持坐姿，不发出异常声音。

　　3. 针刺肌肉：训练员将针刺入黑叶猴肌肉，慢慢延长针在肌肉中停留的时间，直至最少能停留 5s。此步骤不少于 40 个训练时段，要求黑叶猴在被针刺时不挣扎或发出异常声音，且平静、不烦躁。

　　4. 触碰尾巴血管处：黑叶猴尾巴被握住时，训练员用针轻轻接触黑叶猴血管处皮肤，黑叶猴能感知，然后慢慢增加针接触皮肤时的力度与时间。此步骤不少于 40 个训练时段，要求黑叶猴保持正定状态，尾巴无缩回迹象，且至少能停留 5s。

　　5. 针刺尾巴：训练员用针刺入黑叶猴血管，并顺利完成采血，采血过程中给予黑叶猴食物强化。此步骤不少于 50 个训练时段，要求黑叶猴被针刺时不挣扎或发出异常声音，且处于平静状态。

附录 5 活体标记野生动物个体信息表

所属饲养机构：

中 文 名		学　名	
英 文 名		性　别	
标 记 物		标记代码	粘贴条形码
标记位置		标记时间	
内管代码		栏 舍 号	
出生机构		出生时间	
来源机构		来源时间	
来源性质		来源证明	
母标记码		父标记码	
谱系号		谱系体系	
个体描述			
备　注			
现场指导		标 记 员	
记录员	（签名）：	监督员	（签名）：
所属单位	（签章）：	监督单位	（签章）：
签章日期	年　月　日	签章日期	年　月　日

附录 6 黑叶猴健康体检表

物种名称		呼名/编号		性别	♂□/♀□
出生日期		来源/日期		体检日期	
精神、食欲	正常 □/异常（描述）：				
体表、四肢	正常 □/异常（描述）：				
天然孔	正常 □/异常（描述）：				
运动状态	正常 □/异常（描述）：				
生理指标	体重（称）：____ kg；体温：____℃；呼吸：____次/分；血压：____ mmHg；心率：____次/分；心律：____正常 □/异常（描述）：				
血常规	（附检查单）正常 □，异常项目： 血涂片检查结果：				
血液生化	（附检查单）正常 □，异常项目：				
粪便检查	形态： 颜色： 寄生虫：				
尿常规	（附检查单）正常 □，异常项目：				
结核菌素试验	阴性 □ 阳性 □				
X 线检查	正常 □/异常（描述）：				
B 超检查	正常 □/异常（描述）：				
其他					
体检综合判定	优 □ 良 □ 中 □ 差 □ （评估为中、差时给予兽医、饲养方面的工作建议） 记录人：				

参 考 文 献

毕丁仁，郭定宗，杜松枝，1988. 黑叶猴大肠杆菌 O147：K88 及 O55：K59（B5）菌株的分离和鉴定 [J]. 华中农业大学学报，7（2）：202-204.

蔡湘文，2004. 黑叶猴的觅食生物学和营养分析 [D]. 桂林：广西师范大学.

陈智，2006. 基于 3S 技术的黑叶猴生境破碎研究 [D]. 桂林：广西师范大学.

程家球，2005. 浅黄华丽单胞菌感染引起黑叶猴死亡 1 例 [J]. 畜牧与兽医，37（1）：46-47.

程家球，尹军力，陈楠，等，2014. 黑叶猴群发附红细胞体病 [J]. 畜牧与兽医，46（2）：125-126.

丁波，张亚平，李自明，等，1999. RAPD 分析与白头叶猴分类地位探讨 [J]. 动物学研究，20（1）：1-6.

丁伟，杨士剑，刘泽华，2003. 生境破碎化对黑白仰鼻猴种群数量的影响 [J]. 人类学学报，22（4）：338-344.

高喜凤，2014. 中国黑叶猴圈养种群分析现状 [J]. 野生动物学报，2014，35（3）：267-270.

高一彤，曲京华，赵玫，2006. 灵长类泡沫病毒的调查研究及现状 [J]. 医学动物防治，22（3）：183-184.

何厚能，吴其锐，2007. 黑叶猴的人工饲养与繁殖 [J]. 黑龙江动物繁殖（2）：43-44.

何明会，金秀云，祝春花，1994. 黑叶猴的饲养管理及饲料配方 [J]. 野生动物（6）：31-33.

何晓露，2023. 基于深度学习的笼养黑叶猴面部与个体识别研究 [D]. 桂林：广西师范大学.

何晓露，赵秋程，冯月婷，等，2023. 基于 PAE 编码系统笼养黑叶猴的行为谱 [J]. 野生动物学报，44（4）：727-743.

贺文琦，陆慧君，等，2008. 临床死亡川金丝猴心肌炎病例的诊断及病因分析 [J]. 兽类学报，28（C1）：81-86.

胡刚，2011. 我国黑叶猴资源分布与保护现状 [J]. 大自然（4）：24-27.

胡慧建，金崑，田园，2016. 珠穆朗玛峰国家级自然保护区陆生野生动物 [M]. 广州：广东科技出版社.

胡娟，陈媛，邓怀庆，等，2015. 贵州东北部黑叶猴种群 mtDNA D-loop 序列多态性 [J]. 兽类学报，35（3）：336-341.

胡玲玲，汤德元，曾志勇，等，2017. 贵州某动物园黑叶猴感染溶血性巴氏杆菌的诊治

［J］. 黑龙江畜牧兽医（4）：192－193，293.

胡巍堃，汪国海，李毅峰，2016. 笼养黑叶猴寄生虫的检查和防治研究［J］. 四川动物，36（1）：61－64.

胡艳玲，2003. 笼养黑叶猴的社会关系和食量的研究［D］. 桂林：广西师范大学.

胡艳玲，黄乘明，阙腾程，等，2005. 笼养黑叶猴拟母亲行为的观察［J］. 兽类学报，25（3）：237－241.

胡艳玲，阙腾程，黄乘明，等，2004. 关于白头叶猴分类地位的探讨［J］. 动物学杂志，39（4），109－111.

胡一鸣，姚志军，黄志文，等，2014. 西藏珠穆朗玛峰国家级自然保护区哺乳动物区系及其垂直变化［J］. 兽类学报，34（1）：28－37.

黄乘明，2002. 中国白头叶猴［M］. 桂林：广西师范大学出版社.

黄乘明，卢立仁，李春瑶，1996. 论灵长类的婚配制度［J］. 广西师范大学学报（自然科学版），4（4）：78－83.

黄乘明，周岐海，李友邦，2018. 黑叶猴的行为生态与保护生物学［M］. 上海：上海科学技术出版社.

黄乘明，周岐海，李友邦，等，2006. 广西扶绥黑叶猴活动节律和日活动时间分配［J］. 兽类学报，26（4）：380－386.

黄中豪，黄乘明，周岐海，等，2010. 黑叶猴食物组成及其季节性变化［J］. 生态学报，30（20）：5501－5508.

黄中豪，周岐海，黄乘明，等，2011. 广西弄岗黑叶猴的家域和日漫游距离［J］. 兽类学报，31（1）：46－54.

江峡，2010. 三种笼养灵长类幼体的玩耍行为［D］. 桂林：广西师范大学.

赖茂庆，2005. 黑叶猴胃肠阻塞三例［J］. 广西畜牧兽医，21（4）：181－182.

赖茂庆，2007. 黑叶猴肝脓肿一例［J］. 广西畜牧兽医，23（2）：83.

赖茂庆，2009. 老龄黑叶猴的饲养［J］. 畜禽养殖（10）：2－4.

乐正中，何明会，1994. 黑叶猴轮状病毒腹泻病的诊断简报［J］. 中国兽医科技，24（4）：34.

李明晶，1995. 贵州黑叶猴生态研究［M］. 北京：中国林业出版社.

李毅峰，赖茂庆，郭燕静，等，2013. 黑叶猴截肢一例［J］. 广西畜牧兽医，29（5）：309－311.

李友邦，2008. 广西黑叶猴分布数量和行为生态学初步研究［D］. 杭州：浙江大学.

李玉冰，严玉宝，胡娟，2002. 大熊猫的出境检验检疫［J］. 中国检验检疫（1）：41.

李致祥，林正玉，1983. 云南灵长类的分类和分布［J］. 动物学研究，4（2）：111－120.

李致祥，马世来，1980. 白头叶猴的分类订正［J］. 动物分类学报，5（4）：440－441.

李宗瑜，徐贤碧，杨中甫，2008. 六盘水市野钟黑叶猴自然保护区黑叶猴生态生活习性及保护调查研究［J］. 贵州林业科技，36（1）：14－18.

梁冰，1995. 灵长类研究与保护［M］. 北京：中国林业出版社.

刘学峰，2016. 川金丝猴饲养指南［M］. 北京：中国农业出版社.

卢立仁，李兆元，1991. 论白头叶猴的分类［J］. 广西师范大学学报，11（1）：12－16.

罗阳，张明海，马建章，等，2005. 贵州黑叶猴日活动时间的分配［J］. 兽类学报（2）：156－162.

罗杨，陈正仁，汪双喜，2000. 贵州麻阳河地区黑叶猴的食性观察［J］. 动物学杂志，35（3）：44－49.

马世来，王应祥，1988. 中国现代灵长类的分布、现状与保护［J］. 兽类学报，8（4）：250－260.

梅渠年，1989. 黑叶猴幼仔常见病的治疗［J］. 中国兽医科技（11）：37.

梅渠年，1991. 圈养黑叶猴的生殖周期及其后代的生长发育［J］. 北京师范学院学报（自然科学版），12（1）：74－79.

梅渠年，1994. 黑叶猴齿序与其身体生长的变化［J］. 首都师范大学学报（自然科学版），15（2）：84－88.

梅渠年，黄兴雅，陈安杰，1987. 圈养黑叶猴的繁殖［J］. 动物学杂志，22（1）：32－35.

梅渠年，赖茂庆，1998. 圈养黑叶猴繁殖行为［J］. 野生动物，19（4）：3－4.

潘汝亮，彭燕章，叶智彰，1989. 黑叶猴外形整体结构的研究［J］. 兽类学报，9（4）：247－253.

全国强，谢家骅，2002. 金丝猴研究［M］. 上海：上海科技教育出版社.

阙腾程，胡艳玲，张才昌，等，2007. 黑叶猴老年肾脏疾病的病因分析［J］. 中国兽医杂志，43（11）：45－46.

阙腾程，宋晴川，李友邦，等，2021. 基于调查监测数据规划广西的黑叶猴就地保护［J］. 林业科技通讯（1）：24－29.

申兰田，李汉华，1982. 广西的白头叶猴［J］. 广西师范学院学报（3）：71－80.

施新泉，李克东，周忠勇，1990. 叶猴虱在黑叶猴体表的发现及其治疗［J］. 中国兽医杂志（12），12.

施新泉，周忠勇，连帷能，等，1985. 上海动物园珍贵灵长类肠道原虫的初步调查［J］. 中国兽医杂志（1），31－32.

史芳磊，杨红喜，唐朝晖，等，2014. 梧州繁殖中心圈养黑叶猴遗传多样性分析和野外放归种源选择［J］. 科学通报，59（6）：529－536.

苏化龙，林英华，马强，等，2002. 重庆市武隆区和彭水县交界处白颊黑叶猴种群初步调查［J］. 兽类学报，22（3）：169－178.

苏卫，覃金胜，1989. 猕猴疟原虫病的病理学观察［J］. 中国兽医科技（9）：29.

孙柏林，1994. 黑叶猴幽门腺癌一例［J］. 中国兽医科技，24（1）：25.

孙军，代陆娇，王浩瀚，等，2021. 可持续发展视角下的林下种植评价——以独龙江草果

种植为例 [J]. 大理大学学报，6 (6)：55 - 59.

孙涛，王博石，刘志瑾，等，2010. Identification and characterization of microsatellite markers via cross - species amplification from Francois'langur（*Trachypithecus francoisi*）[J]. 兽类学报，30 (3)：351 - 353.

谭邦杰，1955. 我国的猿猴 [J]. 生物学通报 (3)：17 - 23.

唐华兴，2008. 弄岗猕猴（*Macaca mulatta*）的觅食生态学 [D]. 桂林：广西师范大学.

王彬，何玉华，孟岩，2016. 2003 年 1 月至 2014 年 3 月麻阳河自然保护区黑叶猴死亡情况调查 [J]. 黑龙江畜牧兽医 (3)：151 - 152.

王宏，2009. 笼养黑叶猴的等级行为和友好行为研究 [D]. 桂林：广西师范大学.

王双玲，2008. 贵州麻阳河自然保护区黑叶猴家域和生境特征研究 [D]. 北京：北京林业大学.

王松，2005. 笼养黑叶猴（*Trachypithecus francoisi*）尿中性腺激素与繁殖行为关系的研究 [D]. 桂林：广西师范大学.

王松，黄乘明，张才昌，2006. 笼养雌性黑叶猴尿中性腺激素水平变化与性行为、等级序位的关系 [J]. 兽类学报，26 (2)：136 - 143.

王应祥，蒋学龙，冯庆，1999. 中国叶猴的分类、现状与保护 [J]. 动物学研究，20 (4)：306 - 315.

魏辅文，2024. 中国濒危野生动植物种生存状况评估报告（第一辑）[M]. 北京：科学出版社.

魏辅文，杨奇森，吴毅，等，2021. 中国兽类名录（2021 版）[J]. 兽类学报，41 (5)：487 - 501.

吴安康，罗杨，王双玲，等，2006. 贵州麻阳河自然保护区黑叶猴繁殖周期的初步研究 [J]. 兽类学报，26 (3)：303 - 306.

吴名川，1983. 广西灵长类动物的种类分布及数量估计 [J]. 兽类学报 (1)：16.

吴名川，韦振逸，何农林，1987. 黑叶猴在广西的分布及生态 [J]. 野生动物 (4)：12 - 13, 19.

吴茜，2012. 白头叶猴和黑叶猴旱季食物的营养成分含量及其对食物选择的影响 [D]. 桂林：广西师范大学.

吴茜，黄中豪，袁培松，等，2011. 广西弄岗黑叶猴食物的水分含量对食物选择的影响 [J]. 广西师范大学学报（自然科学版），29 (4)：117 - 121.

夏咸柱，2011. 野生动物疫病学 [M]. 北京：高等教育出版社.

熊为国，黄志旁，尹龙云，等，2017. 云南无量山印支灰叶猴社会结构初步研究 [J]. 兽类学报，37 (1)：59 - 65.

徐正强，裴恩乐，张峰，2014. 圈养野生动物饲养管理的原理和技术 [M]. 上海：上海科学技术出版社.

杨露，冯华娟，2017. 笼养老龄黑叶猴脱垂症的诊治分析 [J]. 广西畜牧兽医，33（3）：149-150.

叶智彰，1993. 叶猴生物学 [M]. 昆明：云南科学技术出版社.

张恩权，李晓阳，2015. 图解动物园设计 [M]. 北京：中国建筑工业出版社.

张恩权，李晓阳，古远，2018. 动物园野生动物行为管理 [M]. 北京：中国建筑工业出版社.

张嘉欣，李友邦，李毅峰，等，2019. 笼养婴幼黑叶猴运动行为特点研究 [J]. 西华师范大学学报（自然科学版），40（3）：217-223.

张玲莉，卢忠远，何明会，2007. 难产黑叶猴的剖腹产手术治疗 [J]. 贵州畜牧兽医，31（4）：28.

张向鹏，2003. 贵州地区 3 种园养野生动物常见疾病的调查及防治对策 [D]. 南京：南京农业大学.

张泽军，张陕宁，魏辅文，等，2006. 移地与圈养大熊猫野外放归的探讨 [J]. 兽类学报，26（3）：292-299.

周岐海，蔡湘文，黄乘明，等，2007. 黑叶猴在喀斯特石山生境的觅食活动 [J]. 兽类学报，27（3）：112-119.

周岐海，黄乘明，2021. 中国石山叶猴生态学研究进展 [J]. 兽类学报，41（1）：59-71.

周岐海，黄乘明，李友邦，2006. 笼养黑叶猴的相互理毛行为 [J]. 兽类学报，26（3）：221-225.

朱本仁，曹永珍，夏菊兴，等，1991. 黑叶猴的饲养 [J]. 动物学杂志，26（6）：25-28.

朱本仁，谢华彪，曹永珍，等，1999. 黑叶猴繁殖小群的管理 [J]. 四川动物，18（2）：93-94.

朱兵，2008. 广西黑叶猴（*Trachypithecus francoisi*）遗传多样性研究 [D]. 桂林：广西师范大学.

Althaf I H，Brigitte E B，Dominique V，et al，2003. Screening for simian foamy virus infection by using a combined antigen Western blot assay: evidence for a wide distribution among Old World primates and identification of four new divergent viruses [J]. Virology，309：248-257.

Andrews P，Harrison T，Delson E，et al，1996. Distribution and biochronology of European and Southwest Asian Miocene catarrhines [J]. The Evolution of Western Eurasian Neogene Mammal Faunas. Columbia University Press，New York：168-207.

Bauchop T，1971. Stomach microbiology of primates [J]. Annual Reviews in Microbiology，25（1）：429-436.

Benefit B R，Pickford M，1986. Miocene fossil cercopithecoids from Kenya [J]. American Journal of Biological Anthropology，69（4）：441-464.

Bhatt P N; Work T H, Varma M G, et al, 1966. Kyasanur forest diseases. IV. Isolation of Kyasanur forest disease virus from infected humans and monkeys of Shimogadistrict, Mysorestate [J]. Indian J. Med. Sci, 20: 316 - 320.

Bojun Y, Song W, Tao S, et al, 2023. Maternal parity influences the birth sex ratio and birth interval of captive Francois' langur (Trachypithecus francoisi) [J]. Behavioral Ecology and Sociobiology, 77 (12): 357 - 396.

Boneva R S, Grindon A J, Orton, S., et al, 2002. Simian foamy virus infection in a blood donor [J]. Transfusion, 42: 886 - 891.

Brandon - Jones D, 1984. Colobus and leaf - monkeys. In: Macdonald D, eds. The Encyclopaedia of of Mammals. Vol. 1 [M]. London: George Allen and Unwin.

Brandon - Jones D, 1995. A revision of the Asian pied leaf monkeys (Mammalia: Cercopithecidae: Superspecies Semnopithecus auratus), with a description of a new subspecies [J]. Raffles Bulletin of Zoology, 43: 3 - 43.

Brandon - Jones D, Eudey A A, Geissmann T, et al, 2004. Asian primate classification [J]. International Journal of Primatology, 25: 97 - 164.

Brooks J I, Rud E W, Pilon R G, et al, 2002. Cross - species retroviral transmission from macaques to humans [J]. Lancet, 360: 387 - 388.

Chakraborty S; Andrade F C D, Ghosh S, et al, 2019. Historical Expansion of Kyasanur Forest Disease in India From 1957to 2017: A Retrospective Analysis [J]. Geohealth, 3: 44 - 55.

Chapman C A, Chapman L J, 2002. Foraging challenges of red colobus monkeys: influence of nutrients and secondary compounds [J]. Comparative Biochemistry and Physiology Part A: Molecular & Integrative Physiology, 133 (3): 861 - 875.

Chapman C A, Chapman L J, Naughton - Treves L, et al, 2004. Predicting folivorous primate abundance: validation of a nutritional model [J]. American Journal of Primatology, 62 (2): 55 - 69.

Chen Y X, Xiang Z F, Wang X W, et al, 2007. Preliminary study of the newly discovered primate species Rhinopithecus strykeri at Pianma, Yunnan, China using infrared camera traps [J]. International Journal of Primatology, 36: 679 - 690

Chen Y X, Yu Y, Li C, et al, 2022. Population and conservation status of a transboundary group of black snub - nosed monkeys (*Rhinopithecus strykeri*) between China and Myanmar [J]. Zoological Research, 43 (4): 523.

Chivers D J, 1994. Functional anatomy of the gastrointestinal tract [M]. In Davies A G, Oates J F. (Eds), Colobine Monkeys: Their Ecology, Behaviour and Evolution. Cambridge: Cambridge University Press.

CJJ/T 240 – 2015，2016. 中华人民共和国行业标准——动物园术语标准［S］. 北京：中国建筑工业出版社.

CJJ/T 263 – 2017，2017. 中华人民共和国行业标准——动物园管理规范［S］. 北京：中国建筑工业出版社.

CJJ/T 267 – 2017，2017. 中华人民共和国行业标准——动物园设计规范［S］. 北京：中国建筑工业出版社.

Clauss M，Dierenfeld E S，Fowler M E，et al，2008. The nutrition of "browsers"［M］. In Fowler M E，Miller R E.（Eds），Zoo and Wild Animal Medicine：Current Therapy. St. Louit：Saunders Elsevier.

Crockett C M，Janson C H，2000. Infanticide in red howlers：female group size，male membership，and a possible link to folivory［J］. Infanticide by males and its implications：75 – 98.

Cui L W，Li Y C，Ma C，et al，2016. Distribution and conservation status of Shortridge's capped langurs Trachypithecus shortridgei in China［J］. Oryx，50（4）：732 – 741.

Cutler S J，Idris J M，Ahmed A O，et al，2018. Ornithodoros savignyi，the Tick Vector of "Candidatus Borrelia kalaharica" in Nigeria. J. Clin. Microbiol：56.

Dagg A I，1998. Infanticide by male lions hypothesis：A fallacy influencing research intohuman behavior［J］. American Anthropologist，100（4）：940 – 950.

Dalldorf G，Siclaes G M，1948. An unidentified，filterable agent isolated from the feces of children With paralysis［J］. Science，108：61 – 63.

Davies A G，Bennett E L，Waterman P G，1988. Food selection by two South – east Asian colobine monkeys（Presbytis rubicunda and Presbytis melalophos）in relation to plant chemistry［J］. Biological Journal of the Linnean Society，34（1）：33 – 56.

Davies G A，Oates J F，1994. Colobine Monkeys：Their Ecology，Behaviour and Evolution［M］. Cambridge University Press.

Delson E，1973. Fossil colobine monkeys of the circum – Mediterranean region and the evolutionary history of the Cercopithecidae（Primates，Mammalia）［M］. Columbia University.

Ding B，Li H P，Zhang Y P，et al，2000. Taxonomic status of the white – head langur（*Trachypithecus francoisi leucoscephalus*）inferred from allozyme electrophoresis and Random Amplified Polymorphism DNA（RAPD）［J］. Zoological Studies，39：313 – 318.

Drawert F. Kuhn H J，Rapp A，1962. Reaktions – Gaschromatographie，Ⅲ. Gaschromatographische Bestimmung der niederfluchtigen Fettsauren im Magen von Schlankaffen（Colobinae）［J］. Hoppe – Seyler's Zeitschrift fur physiologische Chemie，329：84 – 89.

Dunbar R I M，Dunbar P，1988. Maternal timebudgets of gelada baboons［J］. Animal behaviour，36（4）：970 – 980.

Eudey A A，1987. Action plan Asia primate conservation［M］. IUCN – The World Conservation Unin.

Fooden J, 1976. Primates obtained in Peninsular Thailand, June – July, 1973, with notes on the distribution of Continental Southeast Asian leafmonkeys (Presbytis) [J]. Primates, 17: 95 – 118.

Freeland W J, Janzen D H, 1974. Strategies inherbivory by mammals: the role of plant secondary compounds [J]. American Naturalist, 108 (961): 269 – 289.

Geissmann T, Lwin N, Aung S S, et al, 2011. A new species of snub – nosed monkey, genus Rhinopithecus Milne – Edwards, 1872 (Primates, Colobinae), from northern Kachin State, northeastern Myanmar [J]. American Journal of Primatology, 73 (1): 96 – 107.

Groves C P, 2005. Order Primates [M]. Baltimore, Maryland, USA: The Johns Hopkins University Press.

Groves C P, 2007. Speciation and biogeography of Vietnam's primates [J]. Vietnamese Journal of Primatology, 1: 27 – 40.

Groves C, 2001. Primate taxonomy [M]. Washington, D. C: Smithsonian Institution Press.

Guo S, Ji W, Li M, et al, 2010. The mating system of the Sichuan snub – nosed monkey (*Rhinopithecus roxellana*) [J]. American Journal of Primatology: Official Journal of the American Society of Primatologists, 72 (1): 25 – 32.

Guo Y Q, Ren B P, Dai Q, et al, 2020. Habitat estimates reveal that there are fewer than 400 Guizhou snub – nosed monkeys, Rhinopithecus brelichi, remaining in the wild [J]. Global Ecology and Conservation, 24: e01181.

Hamilton W D, 1971. Geometry for the selfish herd [J]. Journal of Theoretical Biology, 31: 295 – 311.

He K, Hu N Q, Orkin J D, et al, 2012. Molecular phylogeny and divergence time of Trachypithecus: with implications for the taxonomy of T. phayrei [J]. Zoological Research, 33 (5): 104 – 110.

Heneine W, Switzer W M, Sansdtrom P, et al, 1998. Identification of a human population infected with simian foamy viruses [J]. Nat. Med, 4: 403 – 407.

Hofer H. Napier J R, Napier P H, 1969. A Handbook of Living Primates. Académie Press, London and New York 1967; IX＋456 S. mit 114ganzseitigen Bildern und 10 Strichzeichnungen bzw. Karten. Preis: ＄21. 50 [J]. Folia Primatologica, 10 (4): 318 – 320.

Hrdy S B, 1977. Infanticide as a Primate Reproductive Strategy: Conflict is basic to all creatures that reproduce sexually, because the genotypes, and hence self – interests, of consorts are necessarily nonidentical. Infanticide among langurs illustrates an extreme form of this conflict [J]. American Scientist, 65 (1): 40 – 49.

Hu Y M, Zhou Z X, Huang Z W, et al, 2017. A new record of the capped langur (*Trachy-*

pithecus pileatus) in China [J]. Zoological Research, 38 (4): 203.

Huang C M, Li Y B, Zhou Q H, et al, 2004. A study on the behaviour of cave – entering and leaving and selection of sleeping sites of a François' Langur group (*Trachypithecus francoisi*) . In: Nadler T, Streicher U, Long H T, eds. Conservation of Primates in Vietnam [M], Vietnam: Haki Publishing.

Huang C M, Wu H, Zhou Q H, et al, 2008. Feeding strategy of François's langur and white – headed langur in Fusui, China [J]. American Journal of Primatology, 70: 320 – 326.

Huang Z, Huo S, Yang S, et al, 2010. Leaf choice in black – and – white snub – nosed monkeys Rhinopithecus bieti is related to the physical and chemical properties of leaves [J]. Current Zoology, 56 (6): 643 – 649.

Jablonski N G, Peng Y Z, 1993. The phylogenetic relationships and classification of the doucs and snub – nosed langurs of China and Vietnam [J]. Folia Primatol (Basel), 60 (1 – 2), 36 – 55.

Jablonski N G, Su D F, Flynn L J, et al, 2014. The site of Shuitangba (Yunnan, China) preserves a unique, terminal Miocene fauna [J]. Journal of Vertebrate Paleontology, 34 (5): 1251 – 1257.

Katoh S, Beyene Y, Itaya T, et al, 2016. New geological and palaeontological age constraint for the gorilla – human lineage split [J]. Nature, 530 (7589): 215 – 218.

Kavana T S, Erinjery J J, Singh M, 2015. Folivory as a constraint on social behaviour of langurs in south India [J]. Folia Primatologica, 86 (4): 420 – 431.

Kay R N B, Davies A G, 1994. Digestive physiology [M]. In Davies A G, Oates J F. (Eds), Colobine Monkeys: Their Ecology, Behaviour and Evolution. Cambridge: Cambridge University Press.

Kay R N B, Hoppe P, Maloiy G M O, 1976. Fermentative digestion of food in the colobus monkey, *Colobus polykomos* [J]. Experientia, 32 (4): 485 – 487.

Khan M A, Kelley J, Flynn L J, et al, 2020. New fossils of Mesopithecus from Hasnot, Pakistan [J]. Journal of Human Evolution, 145: 102818.

Kirkpatrick R C, Grueter C C, 2010. Snub – nosed monkeys: Multilevel societies across varied environments [J]. Evolutionary Anthropology: Issues, News, and Reviews, 19 (3): 98 – 113.

Kirkpatrick R C, Long Y C, Zhong T, et al, 1998. Social organization and range use in the Yunnan snub – nosed monkey Rhinopithecus bieti [J]. International Journal of Primatology, 19: 13 – 51.

Korstjens A H, Dunbar R I M, 2007. Time constraints limit group sizes and distribution in red and black – and – white colobus [J]. International Journal of Primatology, 28: 551 – 575.

Li B, Chen C, Ji W, et al, 2001. Seasonal home range changes of the Sichuan snub – nosed monkey (Rhinopithecus roxellana) in the Qinling Mountains of China [J]. Folia Primatologica, 71 (6): 375 – 386.

Li Y B, Huang C M, Ding P, et al, 2007. Dramatic decline of François' langur (*Trachypithecus francoisi*) in Guangxi Province, China [J]. Oryx, 41 (1): 38 – 43.

Li Z X, Lin Z Y, 1983. Classification and distribution of living primates in Yunnan, China [J]. Zool. Res, 4: 111 – 120.

Li Z Y, 2000. The Socioecology of white – headed langurs, *Presbytis leucocephalus*, and its implications for their conservation [C]. Scotland: The University of Edinburgh.

Liedigk R, Thinh V N, Nadler T, et al, 2009. Evolutionary history and phylogenetic position of the Indochinese grey langur (*Trachypithecus crepusculus*) [J]. Vietn J Primatol, 1 (3), 1 – 8.

Lippold L K, 1998. Natural history of douc langurs [M]. In Jablonski N G (Eds). The natural history of the doucs and snub – nosed monkeys. World Scientific.

Liu Z, Zhang L, Yan Z, et al, 2020. Genomic mechanisms of physiological and morphological adaptations of limestone langurs to karst habitats [J]. Molecular biology and evolution, 37 (4): 952 – 968.

Long Y, Momberg F, Ma J, et al, 2012. Rhinopithecus strykeri found in China [J]. American Journal of Primatology, 74 (10): e21638.

Ma C, Fan P F, Zhang Z Y, et al, 2017. Diet and feeding behavior of a group of 42 Phayre's langurs in a seasonal habitat in Mt. Gaoligong, Yunnan, China [J]. American Journal of Primatology, 79 (10): e22695.

Ma C, Huang Z P, Zhao X F, et al, 2014. Distribution and conservation status of Rhinopithecus strykeri in China [J]. Primates, 55: 377 – 382.

Ma C, Luo Z, Liu C, et al, 2015. Population and conservation status of indochinese gray langurs (Trachypithecus crepusculus) in the Wuliang Mountains, Jingdong, Yunnan, China [J]. International Journal of Primatology, 36: 749 – 763.

Ma S L, Wang Y X, Poirier F E, 1989. Taxonomy anddistribution of the Francois' langur (*Presbytis francoisi*) [J]. Primates, 30: 233 – 240.

Madani T A; Azhar E I, Abuelzein el T M, et al, 2011. Alkhumra (Alkhurma) virus outbreak in Najran, Saudi Arabia: Epidemiological, clinical, and laboratory characteristics [J]. J. Infect, 62: 67 – 76.

Matsuda I, Clauss M, Tuuga A, et al, 2017. Factors affecting leaf selection by foregut – fermenting proboscis monkeys: new insight from in vitro digestibility and toughness of leaves [J]. Scientific reports, 7 (1): e42774.

Matsuda I, Crueter C C, Teichroeb J A, 2022. The Colobines: Natural History, Behaviour and Ecological Diversity [M]. Cambridge University Press.

McKey D B, Gartlan J S, Waterman P G, et al, 1981. Food selection by black colobus monkeys (Colobus satanas) in relation to plant chemistry [J]. Biological Journal of the Linnean Society, 16 (2): 115 – 146.

Meiering C D, Linial M L, 2001. Historical perspective of foamy virus epidemiology andinfection [J]. Clin. Microbiol. Rev, 14, 165 – 176.

Memish Z A, Fagbo S F, Osman A A, et al, 2014. Is the epidemiology of alkhurma hemorrhagic fever changing? A three – year overview in Saudi Arabia [J]. PLoS ONE, 9: e85564.

Meyer D, Momberg F, Matauschek C, et al, 2017. Conservation status of the Myanmar or black snub – nosed monkey Rhinopithecus strykeri [J]. Fauna & Flora International, Yangon, Myanmar: e49872.

Nadler T, Brockman D, 2017. Primates of Vietnam [M]. Vietnam: Endangered Primates Rescue Center, Cuc Phuong National Park.

Oates J F, 1977. The guereza and its food [M]. In CVlutton – brock T H. (Eds), Primate Ecology: Studies of Feeding and Ranging Behavior in Lemurs, Monkeys and Apes. New York: Academic Press.

Osgood W H, 1932. Mammals of the Kelly – roosevelts and delacour asiatic expeditions [J]. Field Museum of Natural History Publications Zoological Serries, 18 (10): 193 – 330.

Pan R, Oxnard C, 2001. Cranial morphology of the golden monkey (Rhinopithecus) and douc langur (Pygathrix nemaeus) [J]. Human Evolution, 16 (3), 199 – 223.

Perelman P, Johnson W E, Roos C, et al, 2002. A molecular phylogeny of living primates [J]. PLoS Genetics, 7: e1001342.

Pocock R I, 1939. The Fauna of British India, including Ceylon and Burma, Mammalia [M]. London: Taylor and Francis, Ltd.

Pousargues E, 1898. Note prelimnare sur un nouveau semnopitheque des frontiers du Tonkin et de la Chine [J]. Bulletin du Mus'eum National d'Histoire Naturelle, Paris, 4: 319 – 321.

Qi X G, Wu J, Zhao L, et al, 2023. Adaptations to a cold climate promoted social evolution in Asian colobine primates [J]. Science, 380 (6648): eabl8621.

Reis M D, Gunnell G F, Barba – Montoya J. et al, 2018. Using phylogenomic data to explore the effects of relaxed clocks and calibration strategies on Divergence Time Estimation: Primates as a Test Case [J]. Systematic Biology, 67 (4): 594 – 615.

Roos C, Boonratana R, Supriatna J, et al, 2013. An updated taxonomy of primates in Vietnam, Laos, Cambodia and China [J]. Vietnamese Journal of primatology, 15: 95 – 114.

Roos C, Helgen K M, Miguez R P, et al, 2020. Mitogenomic phylogeny of the Asian colo-

bine genus Trachypithecus with special focus on Trachypithecus phayrei（Blyth，1847）
and description of a new species［J］. Zoological Research，41（6）：656.

Roos C，Zinner D，Kubatko L S，et al，2011. Nuclear versus mitochondrial DNA：evidence
for hybridization in colobine monkeys［J］. BMC Evolutionary Biology，11：1－13.

Rossie J B，Gilbert C C，Hill A，2013. Early cercopithecid monkeys from the Tugen Hills，
Kenya［J］. Proceedings of the National Academy of Sciences，110（15）：5818－5822.

Rowe N，Myers M，2016. All the World's Primates［M］. Pogonias Press.

Russell A，Mittermeier A B，Rylands D E，2013. Wilson. Handbook of the Mammals of the
World［J］. Primates. Barcelona：Lrnx Edicions：746.

Sandstrom P A，Phan K O，Switzer W M，et al，2000. Simian foamy virus infection among
zoo keepers［J］. Lancet，355：551－552.

Schweizer M，Turek R，Hahn H，et al，1995. Markers of foamy virus infections in mon-
keys，apes，and accidentally infected humans：appropriate testing fails to confirm suspec-
ted foamy virus prevalence in humans［J］. AIDS Res. Hum. Retroviruses，11：161－170.

Snaith T V，Chapman C A，2005. Towards an ecological solution to the folivore paradox：
patch depletion as an indicator of within－group scramble competition in red colobus mon-
keys（*Piliocolobus tephrosceles*）　［J］. Behavioral Ecology and Sociobiology，59：185
－190.

Steenbeek R，van Schaik C P，2001. Competition and group size in Thomas's langurs（Pres-
bytis thomasi）：the folivore paradox revisited［J］. Behavioral Ecology and Sociobiology，
49：100－110.

Sterner K N，Raaum R L，Zhang Y P，et al，2006. Mitochondrial data support an odd－
nosed colobine clade［J］. Molecular Phylogenetics and Evolution，40（1）：1－7.

Stevens N J，Wright K A，Covert H H，et al，2008. Tail posture of four quadrupedal leaf-
monkeys（*Pygathrix nemaeus*，*P. cinerea*，*Trachypithecus delacouri* and *T. hatinhensis*）
at the endangered Primate Rescue Center，Cuc Phuong National Park，Vietnam［J］. Vi-
etnamese Journal of Primatology，1：13－14.

Strier K B，2017. Primate Behavioral Ecology（5th edition）［M］. London：Routledge.

Suwa G，Beyene Y，Nakaya H，et al，2015. Newly discovered cercopithecid，equid and oth-
er mammalian fossils from the Chorora Formation，Ethiopia［J］. Anthropological Science，
123（1）：19－39.

Swindler D R，2002. Primate dentition：an introduction to the teeth of non－human primates
［M］. Cambridge University Press.

Tan B，1955. Apes in China［J］. Bulletin of Biology，3，17－23.

Thomas O，1911. The mammals of the tenth edition of Linnaeus：An attempt to fix the types of the genera and the exact bases and localities of the species [J]. Proceedings of the Zoological Society of London: 20 – 158.

Trouessart E L, 1878. Catalogue des Mammifères vivants et fossils. Ordo 2. Prosimiae, Haeckel, 1866 [J]. Revue et Magasin de Zoologie, 6 (3): 162 – 169.

Van Schaik C P, 1983. Onthe ultimate causes of primate social systems [J]. Behaviour: 91 – 117.

Wang S L, Luo Y, Cui G F, 2011. Sleeping site selection of François's langur (*Trachypithecus francoisi*) in two habitats in Mayanghe National Reserve, Guizhou, China [J]. Primates, 52: 51 – 60.

Wang W, Forstner M R J, Zhang Y P, et al, 1997. Phylogeny of Chinese leaf monkeys using mitochondrial ND3 – ND4gene sequences [J]. International Journal of Primatology, 18: 305 – 320.

Wasserman M D, Chapman C A, 2003. Determinants of colobine monkey abundance: the importance of food energy, protein, and fiber content [J]. Journal of Animal Ecology, 72: 650 – 659.

Waterman P G, Kool K M,, 1994. Colobine food selection and plant chemistry. In: Davies AG, Oates JF (eds) Colobine Monkeys [J]. Cambridge: Cambridge University: 251 – 284.

Waterman P G, Mbi C N, McKey D B, et al, 1980. African rainforest vegetation and rumen microbes: phenolic compounds and nutrients as correlates of digestibility [J]. Oecologia, 47: 22 – 33.

Waterman P G, Ross J A M, Bennet E L, et al, 1980. A comparison of the floristics and leaf chemistry of the tree flora in two Malaysian rain forests and the influence of leaf chemistry on populations of colobine monkeys in the old world [J]. Bio. J. Linn. Soc. , 34: 1 – 32.

Work T H, Trapido H, 1957. Summary of preliminary report of investigations of the Virus Research Centre on an epidemic disease affecting forest villagers and wild monkeys of Shimoga District, Mysore [J]. Indian J. Med. Sci. , 11: 341 – 342.

Wrangham R W, 1980. An ecological model of female – bonded primate groups [J]. Behaviour, 75: 262 – 300.

Yang Y, Tian Y P, He C X, et al, 2018. The critically endangered Myanmar snub – nosed monkey Rhinopithecus strykeri found in the Salween River Basin, China [J]. Oryx, 52 (1): 134 – 136.

Yeager C P, Kirkpatrick R C, 1998. Asian colobine social structure: ecological and evolutionary constraints [J]. Primates, 39: 147 – 155.

Yeager C P, Kool K, 2000. The behavioral ecology of Asian colobines [M]. In Whitehead P F, Jolly C J. (Eds), Old World Monkeys. Cambridge: Cambridge University Press.

Zhou Q H，Huang C M，Li M，et al，2009. Sleeping site use by françois' langur (*Trachypithecus francoisi*) at Nonggang Nature Reserve，China [J]. International Journal of Primatology，30：353 – 365.

Zhou Q H，Huang C M，Li M，et al，2011. Ranging behavior of the François' langur (*Trachypithecus francoisi*) in limestone habitats of Nonggang，China [J]. Integrative Zoology，6：157 – 164.

Zhou Q H，Huang C M，Li Y B，et al，2007. Ranging Behavior of the François' Langur (*Trachypithecus francoisi*) in the Fusui Nature Reserve，China [J]. Primates，48：320 – 323.

Zhou Q H，Wei F W，Huang C M，et al，，2007. Seasonal Variation in the Activity Patterns and Time Budgets of *Trachypithecus francoisi* in the Nonggang Nature Reserve，China [J]. International Journal of Primatology，28：657 – 671.

Zhou Q H，Wei F W，Li M，et al，2006. Diet and food choice of *Trachypithecus francoisi* in the Nonggang Nature Reserve，China [J]. International Journal of Primatology，27：1441 – 1460.

彩图1 黑叶猴（左）与河静乌叶猴（右）面部特征（王松 摄）

| 6日龄 | 1月龄 | 2月龄 | 3月龄 |

4月龄　　　　　　　　　5月龄　　　　　　　　　6月龄

彩图 2　黑叶猴幼仔成长发育的毛色变化一
（从尾、四肢末端部位开始，由躯体到头部转换成黑色）（王松　摄）

6日龄　　　　　　　　　1月龄　　　　　　　　　2月龄

3月龄　　　　　　4月龄　　　　　　5月龄　　　　　　6月龄

彩图 3　黑叶猴幼仔成长发育的毛色变化二
（从尾端开始，向躯体到头部转换成黑色）（王松　摄）

彩图 4　黑叶猴笼舍展示面（王松　摄）

彩图 5　仿喀斯特石山的黑叶猴笼舍环境（王松　摄）

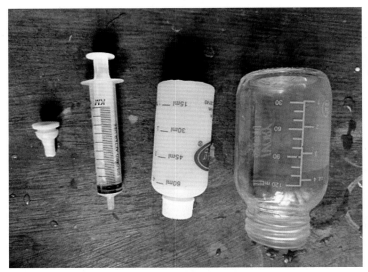

彩图 6　黑叶猴幼仔的人工哺育用具一（王松　摄）

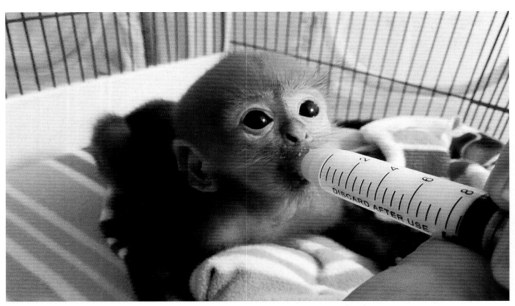

彩图 7　黑叶猴幼仔的人工哺育用具二（王松　摄）

彩图 8　不同月龄黑叶猴幼仔人工哺育用笼箱（王松　摄）

彩图 9　黑叶猴食物丰容
　　　　——亚克力采食器
　　（杨毅　摄）

彩图 10　黑叶猴食物丰容
　　　　——竹编采食器
　　（杨毅　摄）

彩图 11　黑叶猴食物丰容——轮胎采食器（杨毅　摄）

彩图 12　黑叶猴食物丰容——消防水带采食器（杨毅　摄）

彩图 13　黑叶猴物理环境丰容——爬架（杨毅　摄）

彩图 14　黑叶猴物理环境丰容——吊床（杨毅　摄）

彩图 15　黑叶猴手部定位训练（汪丽芬　摄）

彩图 16　黑叶猴手臂采血训练
（汪丽芬　摄）

彩图 17　黑叶猴尾部采血训练
（胡凤霞　摄）

彩图 18　雄性成体黑叶猴
（王松　摄）

彩图 19　雌性成体黑叶猴及 1 月龄幼仔
（王松　摄）

彩图 20　中型灵长类动物挤压笼（程王琨　摄）

彩图 21　　黑叶猴科普宣传板一（王松 摄）

彩图 22　　黑叶猴科普宣传板二（王松 摄）

彩图23　黑叶猴科普宣传板三（王松　摄）

彩图24　黑叶猴科普宣传板四（王松　摄）